JN078134

スッキリ！がってん！ IoTの本

安本　慶一・荒川　豊・松田　裕貴 [著]

電気書院

［本書の正誤に関するお問い合せ方法は，最終ページをご覧ください］

はじめに

　あらゆる物理的なモノがネットワークに接続されるIoT（Internet of Things）時代が到来しようとしている．TVのCMや新聞・雑誌など，いろいろなところでIoTという言葉が聞かれるようになった．では，IoTとはどんな技術で，IoTによりどんな未来が拓かれるのであろうか？　本書は，そのような疑問に答えるため，初心者でもわかるよう，様々な事例を交えながら，多角的にIoTの姿に迫る．本書が，IoT理解の一助となることを願っている．

目　次

③ IoTの応用

IoT ってなあに

1.1 IoT とは

IoT（Internet of Things）とは，その名前の通り，あらゆるモノがインターネットに繋がることを指している．IoT という言葉は，1999年に当時 P&G（Procter and Gamble）社で RFID（無線タグ）による物流管理を開発していた Kevin Ashton が最初に使ったと言われている．最近では，ネットワーク対応家電，スマートスピーカ，コネクテッドカーなど，インターネットに接続され，便利なサービスを提供する IoT デバイスが増えている．IoT は単に色々なモノがネットワークに接続されて，遠隔で監視・制御できるようにする技術としてだけでなく，我々の社会を一変させる潜在力を秘めていると考えられている．

1.2 IoT によるデジタル化革命

超スマート社会（Society 5.0）という言葉をご存知だろうか．これは，2016年1月に閣議決定された日本の第五期科学技術基本計画（2016–2020年度）に，我が国が目指すべき未来社会の姿として盛り込まれた．超スマート社会とは，「必要なもの・サービスを，必要な人に，必要なときに，必要なだけ提供し，社会の様々なニーズにきめ細かに対応でき，あらゆる人が質の高いサービスを受けられ，年齢，性別，地域，言語といった様々な違いを乗り越え，活き活きと快適

に暮らすことのできる社会」と定義されている．超スマート社会の英語表記Society 5.0の"5.0"は，人類がこれまでに辿ってきた狩猟社会（Society 1.0），農耕社会（Society 2.0），工業社会（Society 3.0），情報社会（Society 4.0）に続く，新しい社会であることを意味している（図1・1）．

　超スマート社会を実現する鍵は，IoTとサイバーフィジカルシステム（CPS：Cyber Physical System）である．CPSは，全てのモノがネットワークに繋がるIoTを前提に，現実空間に存在するモノから取得したデジタル情報をサイバー空間（インターネットやコンピュータの中の世界）に取り込み，人工知能（AI：Artificial Intelligence）により，人が処理するよりはるかに速いスピードでデータを分析し，分析結果として得られた知恵を現実世界にフィードバックすることで，経済や社会，環境，さらには人の生活や健康状態までも改善していくことを可能にする．改善された実世界のデータは再びIoTを使って，サイバー空間に取り込まれ，分析後，再び実世界へと結果がフィー

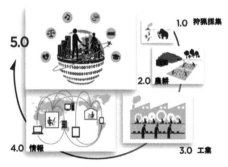

図1・1　Society5.0の概念
〔出典〕　内閣府ホームページより

ドバックされていく．CPSはこのような継続的な改善ループを持つシステムである（図1・2）．CPSが現実世界のあらゆる分野・場所に浸透し，地球上のあらゆる活動が情報通信技術の力により自動的に改善されていく社会が超スマート社会（Society 5.0）である．このようにIoTおよびCPSは（IoTはCPSと同義として使われることも多い），これまでの人類社会を劇的に変える革命的技術であると言える．

1.3 IoT とビッグデータと人工知能

近年では，IoTと同程度以上にビッグデータや人工知能（AI：Artificial Intelligence）といった言葉があちこちで見られる．IoTはこれら技術と密接な関係にある．CPSの改善ループ（図1・2）が示すように，IoTにより現実世界の情報が取り込まれビッグデータを形成し，AIがこれを分析しパターンを見つけ，知恵を抽出する．ビッグデータには未知の様々な有用なパターンや知恵が存在すると考えられるが，その抽出はAIを使っても容易ではなく，研究が活発に行われている．これについては，2.7節で詳しく述べる．IoTは，これまでになかった領域や分野におけるビッグデータを生成できるという

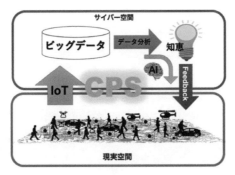

図1・2　サイバーフィジカルシステム（CPS）の概念

点で，これまで人類が知り得なかった知恵を獲得できる可能性を秘めており，非常に大きな役割を担っていると言える．

1.4　データ駆動型社会システム

　データを収集するIoT技術とデータを分析しパターンを見抜くAI技術の両方が進展したことにより，これまで見えなかった社会の状況が見えるようになっている．例えば，道路の渋滞情報は，これまで，道路交通情報システム（通称，VICS：Vehicle Information and Communication System）によってセンシングされてきた．しかしながら，各道路へのセンサの配備にはコストが掛かり，国土の広い国や開発途上国では導入が難しい．それに対して，GPS（Global Positioning System）を搭載したスマートフォンおよび地図アプリケーションは広く普及している．地図アプリケーションの利用者の移動状況を分析することで，現在では世界中どこでも渋滞状況を把握できるようになっている．

　このとき，渋滞情報は，緑，オレンジ，赤の線で地図上に提示され，利用者はその色を頼りに道を選択している．この状況を，別の見方をすると，我々利用者はすでにコンピュータが提示する情報を鵜呑みにするようになってきているとも言えるのではないだろうか．というのは，赤の線で提示された場所が本当に渋滞だったのか確認するすべがないからである．逆に言うと，コンピュータがミスをして，ずっと赤と提示されるようになってしまった場合，その道路は，全員から避けられるようになってしまう可能性がある．一方，この状況をうまく活用すると，人によって異なるルートを提示し，車を分散することで都市の渋滞を緩和することもできる．

　渋滞情報以外の例としては，健康に関しても同じようなパラダイム

の変化が起きていると言える．Apple Watch には，アクティビティ
リマインダーという機能が搭載されている．これは，その名の通り，
アクティビティをお知らせしてくれるもので，トリガーとして時計
に内蔵された種々のセンサが用いられている．例えば，加速度セン
サの情報から座りすぎていると感知した場合は立つというアクティ
ビティを，心拍センサの情報から緊張していると感知した場合は深
呼吸というアクティビティが推薦される．このようなコンピュータ
からの情報によって，ユーザが行動を変容させ，ユーザが健康にな
る，ということも当たり前になりつつある．

　データ駆動型社会システムとは，IoT によって集められたデータ
をもとに，AI によって導き出された提案によって，人の行動が変化
することを前提とした社会システムのことを指す．例えば，渋滞情
報の例に戻ると，都市の交通渋滞問題を緩和するには，コンピュー
タは，地図上の線の色を変えたり，ユーザによって異なるルートを
提示したりするだけで社会を動かすことが可能になる．

1.5 IoT デバイスによるデータの生成とフィードバック

　前述のように，Society 5.0 ならびにデータ駆動型社会を実現す
るには，CPS が人間社会のあらゆる場面に浸透することが必須であ
る．そのためには，モノや人・環境からデータを取得・生成し，サ
イバー空間で分析した結果をモノ・人・環境にフィードバックする
ためのデバイスを用途に合わせて設計・開発する必要がある．この
デバイスのことを IoT デバイスという．では，IoT デバイスはどん
なもので，どのようにデータを生成しフィードバックするのだろう
か？　以下で，実例を挙げて説明する．

　IoTデバイスはモノや人・環境からデータを取得するためにセンサを使用する．詳しくは2.2節で述べるが，センサは，物体の状態や性質，あるいは様々な種類の物理量（温度，圧力など）を検知・計測する機能を備えた機器または装置であり，IoTやCPSにおいて実世界の情報を取得するために最も重要な構成要素の一つである．また，IoTデバイスは，結果を現実世界にフィードバックする役割もあわせ持ち，そのために，アクチュエータを使用する．

　取得したい情報によって使用するセンサは異なってくる．人の行動に伴う情報を取得したいときには加速度センサが，明るさや温度といった環境の情報を取得したいときには環境センサが，人の生体情報を取得したいときには生体センサが，それぞれ用いられる．例えば，3.3節で紹介されているスマートチェアやスマートベルトといったIoTデバイスは加速度センサを内蔵しており，座っているかどうか，座っているときの姿勢の正しさなどを，計測した加速度の情報から推定する．また，スマートベルトはアクチュエータを内蔵しており，姿勢が悪くなったときにバックル部分を振動させてユーザに知らせることができる．これにより，長時間の座り作業による業務効率の悪化を抑制することなどに役立てることができる．

　3.2節で紹介するスマート冷蔵庫はトレイに重量センサを組み込んでおり，トレイに載せられた食材や飲料の総重量，一部の食材の出し入れの際に発生する重量差などから，どの食材が冷蔵庫に入っており，何が新たに入れられたのか，または，取り出されたのかといったデータを取得する．これにより，買い物時に不足している食材のみを購入することをサポートしたり，冷蔵庫にある食材のみで調理可能なレシピを検索したりといったことが可能になる．

　このようにIoTデバイスは人間社会のあらゆる場面における人間

活動の情報を取得するために使用される．一方，取得したい場面は
多岐にわたり，それぞれの場面に最適化したIoTデバイスを開発す
るのはコストがかかる．3.1節で紹介するSenStickは，人がインタラ
クションする様々なモノを簡単にIoT化するために設計開発された
超小型センシングボードであり，3 gの軽さでありながら，加速度・
地磁気・ジャイロ・温度・湿度・気圧・明るさ・UVといった豊富
なセンサと，BLE（Bluetooth Low Energy）による通信機能を備えて
いる．例えば，箸，歯ブラシ，ベルト，調理器具などにSenStickを
組込むことで，簡単に食事中，歯磨き中，日常生活中，調理中の人
の行動データを計測することができる．

(i) 家のIoT化

　家は，人々が長い時間を過ごす空間であり，ICT（Information and
Communication Technology）により人の生活を支援しQoL（Quality
of Life，生活の質）を高めることが期待されている．生活支援には住
人の行動や状態の把握が必須であり，そのためには家のIoT化が必
要となる．IoT化された家のことを「スマートホーム」と呼ぶ．

　家は，基本的に，①部屋，②廊下・階段，③建具・家具，④電
化製品（家電）から構成される（便宜的に，玄関やトイレ，浴室，バルコ
ニー等も部屋と考える）．①②に関して，部屋や廊下に人感センサや
環境センサを備え付けることで，その場所の人の在否や温湿度・照
度情報などがリアルタイムに取得できるようになる．③に関して，
ドアやタンスの引き出しなどに磁気センサや加速度センサを取り付
けることで，開閉状況が取得できるようになる，④に関して，各家
電に電力計をとりつけることで，消費電力を取得し，使用状況を取
得できるようになる（スマート分電盤やネットワーク対応家電を使用する
ことで，従来の家電をコンセントに繋ぐだけで消費電力・動作状況を取得で

きる).

このように家がIoT化されると，各センサから取得したデータを分析することで，住人の行動や環境の変化といったコンテキストを推定できる．特に住人の行動が自動認識できれば，ライフログの取得に基づく健康支援・行動変容や高齢者の見守り，行動に合わせた家電の自動制御など，様々なサービスに応用できる．

国内外で研究用の様々なスマートホームが設置されてきた．米ジョージア工科大のAwareHome（https://gvu.gatech.edu/research/labs/aware-home-research-initiative）は，1999年に建築された最も初期のスマートホームである．3階建て，468 m^2 の広さを誇り，位置推定，ヘルスケア，エンタテイメントなど様々なアプリケーションが開発された．現在も研究プロジェクトは継続している．

御茶ノ水女子大学のお茶ハウス（http://siio.jp/index.php?OchaHouse）は，2009年に完成し，以来，居住者を支援する様々な研究（キッチンコミュニケーション，モノ探し，セキュリティ，リハビリ・介護など）が実施されている．

NAISTスマートホーム（1LDK，超音波位置推定システム，環境センサ，消費電力計，EchonetLite対応家電など設置，図1・3）は2013に完成し，主に生活行動支援や省エネ家電制御の研究に使用されてきた．同時期に建設された九州大学の居住環境模擬装置（1LDK）では，IoT家電の高度連携やセキュリティに関する研究が行われている．

近年は，住宅メーカもスマートホームを製造・販売している．例えば，ダイワハウス工業株式会社やミサワホーム株式会社は，エネルギーを「つくる」太陽光発電システム，「ためる」蓄電池，「上手につかう」HEMS（コラム参照）からなるスマートホームを販売している．しかし市販のスマートホームは「スマートハウス」と呼ばれ，主

に，エネルギーの効率的な制御に注力しており，人を見守り寄り添う機能は未だ実装されていない．

図1・3　NAISTのスマートホーム

> **コラム**　**家電を繋ぐ規格「ECHONET Lite」**
>
> ECHONET Lite（https://echonet.jp/）は，家庭内の様々なIoT機器や家電を相互接続するための通信プロトコルであり，2012年2月に経済産業省が設置したスマートハウス標準化検討会においてスマートハウスを構成するHEMSの公知な標準インターフェースとして推奨された．ISO/IEC 14543-4-3として国際標準化されている．特に，HEMS（Home Energy Management System）と呼ばれる，家庭で使うエネルギーをスマートに管理するシステムにおける機器間の通信プロトコルを規定しており，HEMSコントローラ，スマートメータ，太陽光発電装置，蓄電池，給湯器（エコキュートなど），燃料電池（エネファームなど），エアコン，照明器具，分電盤，電気自動車（EV）などをネットワークに接続し，エネルギーの管理や見える化，機器の省エネ制御を行う．

ⅱ スマート服飾品（ベルト）

　近年，メタボリックシンドロームなどに代表される生活習慣病が大きな社会問題となっており，日々の健康管理が重要視されている．しかしながら，健康状態の検査は一年に一度の健康診断のみに頼っているのが現状である．これを改善するために，スマートウォッチやスマートグラスなど，身につける服飾品のIoT化が進んでおり，様々なデバイスがすでに広く販売・利用されていることは前述のとおりである．

　しかしながら，腹囲（ウエスト）に関しては，メタボリックシンドロームの診断基準であるものの，巻き尺での測定が主流であるため，継続的に測定することが難しいことが知られている．ここでは「ベルト」をIoT化する研究事例としてWaistonBelt[1]を紹介する．

　WaistonBeltは，日常的に着用しているベルトをIoT化することにより，装着者のウエスト自動測定を実現した．WaistonBeltは，市販ベルトのバックル部分（ベルトを固定する留め金）に取り付けるアタッチメント型IoTデバイスとなっている（デバイスの外観：図1・4，装着の様子：図1・5）．

　WaistonBeltは，バックルへのベルト挿入を自動検知すると，留め金の動きをセンシングし自動で挿入距離を算出する．ベルトの全

図1・4　WaistonBeltの外観

長から挿入距離を減ずることにより，ベルトで形成される円周の距離（すなわち，ウエスト長）を推定する．推定された情報は，BLE を通じてペアリングされたスマートフォンアプリケーションに送信され，分析・可視化される．これにより，ユーザは自身のウエストの時系列的な変化や，曜日などの影響を知ることができる（図1・6）．

図1・5　WaistonBelt を装着した様子

図1・6　WaistonBelt のアプリケーション（分析結果情報）

　さらに，WaistonBelt は慣性センサやバイブレータを搭載しており，日々の身体運動のセンシングや行動認識，それに基づくフィードバックも可能となっている．例えば，着座時の姿勢を常時測定することにより，姿勢が悪くなったときにベルトが振動して注意を促すなどといったことが可能となっている（図1・7）.

　最新の実験結果では，ウエストの自動測定では約1 cm程度の精度で推定可能であることが明らかとなっている．また，身体運動に基づく行動認識については，寝る・座る・立つ・歩く・階段を登る・階段を降りる・走るといった7つの行動について，腕時計型IoT（スマートウォッチなど）を用いる場合よりも高い精度で測定できることが明らかとなっている．

図1・7　WaistonBelt のアプリケーション（リアルタイム情報）

IoTの基礎

2.1 プラットフォーム

　IoTプラットフォームとは，様々なIoTデバイスを管理し，また
これらのデバイスが生成する一連のデータ（データストリーム）を収集
し，処理・分析し，整理し，結果をサービスとして流通させるため
の基盤システムのことであり，IoTデバイスを活用するために必ず
必要となるシステムである．大量のデータの処理分析が必要なこと
から，クラウドコンピューティングの技術を使って実現されること
が多い．図2・1は典型的なIoTプラットフォームの構成である．

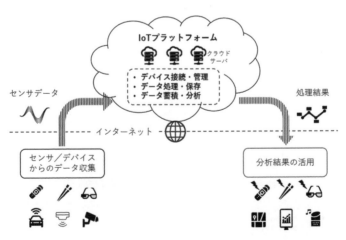

図2・1　IoTプラットフォーム

　様々なIoTデバイスが計測・生成したデータは，ホームネットワークやスマートフォンを介して，または4G/5G回線を使って直接クラウドサーバに送信され蓄積される.

　サービス事業者（またはクリエータ）はクラウドサーバで利用可能な様々な機能（機械学習や各種データ処理機能）を用いて，データを処理・分析・加工し，処理結果を提供可能なコンテンツとして整理し，ユーザに提供する．クラウドサービスをベースに，IoTデータの処理に特化した機能を加えたIoTプラットフォームが多数構築されている．代表的なものに，Amazon AWS IoT，Microsoft Azure IoT，IBM Watson IoT，Google Cloud IoT Coreなどがある．また，産業用機械向けのIoTプラットフォームとして，PTC社のThingWorxやGEデジタルのPredixGEなどがある．IoTプラットフォームは，接続するデバイスや用途，使用環境，さらにはベンダに応じて，異なる機能・仕様の様々なプラットフォームが乱立しており，異なるプラットフォーム間を接続し相互運用するのは現状容易ではない．より多様・高度なサービスを生み出すため，今後，プラットフォームの統合・統一化や相互運用性の向上が望まれている.

2.2　センサ

　センサは，物体の状態や性質，あるいは様々な種類の物理量（温度，圧力など）を検知・計測する機能を備えた機器または装置と定義されており，IoT/CPSシステムにおいて実世界の情報を取得するために必須の最重要構成要素の一つである．取得したい情報に応じて非常に多種類のセンサが開発されている．代表的なセンサとして，環境の物理量（温度，湿度，光，電磁波，磁気，音波，煙や気体，放射線など）を取得する環境センサ，人やモノの重量や動きを測定する歪み

センサ（加速度センサ，ジャイロセンサ，地磁気センサ）や，人や動物の生体情報を取得する生体センサなどがある（図2・2）．これらのセンサは，半導体の物質変化や化学反応，酵素等の生体物質の反応等を利用し，計測結果をアナログ情報として出力する．

　温度などを計測可能な環境センサ（Ambient Sensor）が存在する．例えば，気圧センサは，ピエゾ抵抗効果（シリコン単結晶板でできた樹圧素子にかかる圧力に応じて電気抵抗値が変化する現象）を利用して気圧を測定する．

　センサは単体では，アナログ値を出力するハードウェア部品であるため，これをIoTデバイスとして用いるためには，デジタル信号への変換機能，デジタルデータの処理機能，通信機能などを備えたセンサノード（センサ搭載端末）として構成する必要がある．典型的なセンサノードの構成を図2・3に示す．

　図2・3において，センサノードは，屋外・屋内を問わず，データを取得したい場所に設置できる必要があるため，電源供給部は電池

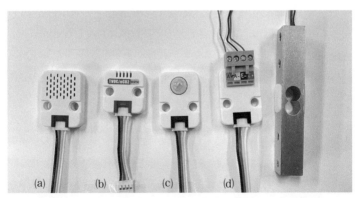

(a) 温湿度気圧センサ　(b) CO_2センサ　(c) 人感センサ　(d) 重量センサ

図2・2　各種センサ

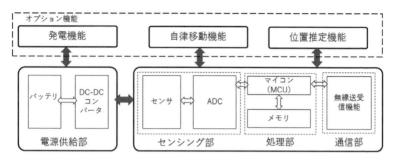

図2・3 センサノードの構成

として実現されることが多い．また，同じ理由により，通信部は無線通信が採用されることが多い．センシング部では，センサが出力するアナログ値をデジタル値に変換するADC（アナログデジタル変換器），ADCの出力は処理部のMCU（Micro Controller Unit）に接続している．MCUはメモリを持っており，簡単なデータ処理をセンサノード内で実行できる．

　センサノードは省電力動作が必要なため，Wi-FiやBluetoothといった近距離無線通信を使うことが多い．広域に設置したセンサノードから計測データを収集するため，複数のセンサノードをメッシュ状に無線接続した無線センサネットワーク（WSN：Wireless Sensor Network）を構成し利用することもしばしば行われている．図2・4は典型的なWSNの構成である．広域に配置されたセンサノードは，シンクと呼ばれる特別な端末に向けてバケツリレーで計測データを転送する．シンクはインターネットに接続されており，シンクに収集されたデータはインターネット経由でクラウドサーバ等に保存される．遠隔にいるユーザはインターネットを介してデータを取得・処理したり，センサノードを制御したりできる．

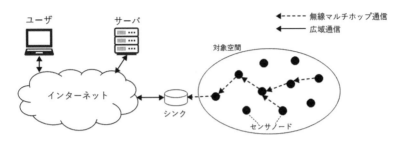

図2・4 無線センサネットワークの構成

　近年注目されているIT農業では，圃場にセンサネットワークを設置し，温湿度や日射量，土壌水分などの物理量を作物の成長とともに計測することで，どのような条件で品質の高い作物を育成できるかに関するビッグデータを取得し，活用している．そのような農業用センサノードとしてフィールドサーバと呼ばれる商品が販売されている．

2.3 アクチュエータ

　IoT/CPSでは，サイバー空間で分析・抽出した結果や知恵を使って現実世界にフィードバックを返すアクチュエーション（機械的・物理的に環境や人に作用するアクションのこと）を行うための機能が必要である．そのような装置をアクチュエータと呼ぶ．

　アクチュエータには様々なものが存在する．スマート家電やスマートスピーカ，スマートロックはアクチュエータ付きIoTデバイスの例である．例えば，スマートロック（2.11節で紹介）では，サイバー空間からのフィードバックとして，ドアの鍵をロックするあるいは解除するというアクチュエーションを行う．空調装置は，室温や湿度をユーザの希望に近づけるための制御を行う．スマートスピーカは，ユーザの希望に合わせて音楽をかけたり，家電を制御したりする．

アクチュエータには，モータやスピーカといった，現実空間の状態を変える物理的な機械を装備しているのが特徴である．

2.4 通信方式とプロトコル

　IoT/CPSシステムは多くの小型計算機（IoTデバイスやセンサノード）からなる分散システムであり，計算機（ノード）間の通信は必須である．また，多くのノードは，センシングしたい場所に置く必要があるため，設置場所に自由が求められる．配線はコストがかかるため，無線通信が適していると言える．無線通信方式は多数存在するが，大きく，近距離無線通信と広域無線通信にカテゴリ分けができる．前者には，RFIDやFelicaといった近距離無線（NFC：Near Field Communication）や，Bluetooth，ZigBee，Wi-Fiといった無線PAN（Personal Area Network），無線LAN（Local Area Network）がある．後者の広域無線通信には，セルラ通信（3G/LTE/5G）やLPWA（Low Power Wide Area）などの方式が存在する．IoTで最も広く用いられているのは，通信距離，消費電力，データ伝送速度のバランスに優れる無線LANと無線PANである．代表的な方式である，Wi-Fi（IEEE 802.11），Bluetooth（IEEE 802.15.1），ZigBee（IEEE 802.15.4）の周波数，通信距離，伝送速度の一覧を表2・1に示す．

　一方，広域無線通信に関しては，第5世代移動通信システム（5G）が展開されようとしている．5Gでは，LTE（4G）では実現されていなかった，超高速，超低遅延，多数同時接続を実現することが検討されている．特に多数同時接続は，今後爆発的な普及が予想されているIoTデバイスでの利用を見越した技術である．しかし，2項目（超高速と多数同時接続など）を同時に実現することは5Gでは難しく，6G

表2・1 近接無線通信の種類

	Wi-Fi IEEE 802.11	Bluetooth IEEE 802.15.1	ZigBee IEEE 802.15.4
周波数	2.4GHz, 5GHz	2.4GHz	2.4GHz (800MHz, 900MHz)
通信距離	11n: up to 70m (indoor) up to 250m (outdoor)	1m (class3, 1mW) 10m (class2, 2.5mW) 100m (class1, 100mW)	10 to 75m
伝送速度	54Mbps (802.11a/g) 300Mbps (802.11n) over 1Gbps (802.11ac)	1Mbps (ver. 1.2) 3Mbps (ver. 2.0+EDR) 24Mbps (ver. 3.0+HS) 1Mbps (ver. 4.x low energy) 2Mbps (ver. 5.0)	20 - 250Kbps

以降での実現に委ねられている．また，5Gは1つの基地局がカバーできる範囲が狭いため，5G対応のインフラ（基地局）が全国的に普及するには時間がかかることが予想される．そのため，1つの基地局で広域をカバーでき，超低消費電力なLPWA（Low Power Wide Area）が注目を集めている．LPWAの通信方式として，Sigfox，LoRa，Wi-SUNなど様々な方式が乱立しているが，LoRaの利用が広がっている．LoRaは，1つの基地局で数km圏の広域通信機能を提供するが，通信速度は0.3-50 kbps（しかも全ての端末で共有）と低く，IoTデバイスでの利用には工夫が必要である．著者らの研究グループでは，高齢者がライドシェアサービスを利用する際に，専用端末を用いて利用したい時刻・場所を入力してもらい，その情報をLoRaで収集し，最適な配車を自動で計画するシステムを構築している[2]．このように，通信頻度がそれほど高くなく，大量のデータ通信（画像・音声や加速度データなど）を伴わないアプリケーションにはLoRaは適していると考えられる．

　IoTデバイス同士，またはIoTデバイスとエッジ・クラウドサー

バとの通信には，どのような方法でデータをやり取りするかを定める通信規約（プロトコル）が必要である.

クラウドサーバとの通信を行うようなIoTシステムの場合には，HTMLなどのWebサイトコンテンツの送受信に用いられるプロトコルのHTTP/HTTPSが広く利用されている. HTTP/HTTPSは，TCP/IPによるサーバ・クライアント型データ通信を想定したプロトコルである. ローカルにおいて機器間通信を主体とするようなIoTシステムや，高頻度にリアルタイムのデータ送信が必要なIoTシステムの場合には，機械同士の通信（M2M：Machine-to-Machine）プロトコルとして古くから利用されている，MQTT（MQ Telemetry Transport）が活用される. MQTTは，TCP/IPによるPub/Sub型データ配信モデルを採用した軽量なデータ配信プロトコルであるため（図2・5），HTTPと比較してヘッダサイズが小さいことが利点となる. そのため，小容量高頻度なデータ通信を効率よく行うことができるという特性を持つ.

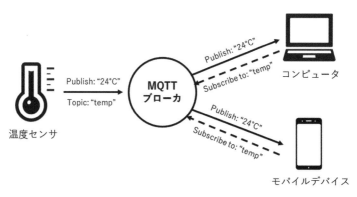

図2・5　MQTTによるPub/Sub型データ通信モデルのイメージ

2.5　クラウドとエッジ

　クラウドコンピューティング（以下，クラウド）とは，経済産業省によれば，「共有化されたコンピュータリソース（サーバ，ストレージ，アプリケーションなど）について，利用者の要求に応じて適宜・適切に配分し，ネットワークを通じて提供することを可能とする情報処理形態」であると定義されている．クラウドサービスを利用することで，システムをユーザ側に導入・管理する必要がなく，必要なときに必要なサービスを必要なだけ利用可能となることから，企業や教育機関での導入が進んでいる．例えば，ファイル共有サービスの DropBox や，e メールサービスの Gmail，仮想サーバサービスの AWS などが広く使用されている．

　2.1 節で述べたように，IoT データの処理を行うプラットフォームはクラウドをベースとしているものが多く，Amazon AWS や Microsoft Azure，Google Cloud Platform や Firebase などのクラウドサービスが主に使われている．しかしながら，IoT サービスのほとんどは，センサやアクチュエータがユーザの近くにあることが多く，クラウドの利用は最適とは言い難い．例えば，腕時計型 IoT（スマートウォッチ）で取得した生体データを分析し結果をユーザにフィードバックする場合，ユーザから取得したデータはクラウドにアップロードされ，分析がなされた上で，ユーザのスマートフォンに分析結果が提示される．しかし，こういったクラウドベースのデータ処理では，広域無線通信の帯域を消費する上に結果を受け取るまでの遅延が大きくなり，さらに，プライバシー情報を含むデータがクラウドに蓄積されてしまい，サイバー攻撃による漏洩のリスクが増す．こういった問題に対処するため，データ分析可能な処理能力を持ったサーバを

ユーザの近くにエッジサーバとして設置し，ユーザデータをエッジサーバで処理し結果をユーザにフィードバックする（クラウドには分析結果のみをアップロード・蓄積する）エッジコンピューティングが注目を集めている．エッジとは，広域ネットワークの端（エッジ），すなわち，データ発生源であるIoTデバイスやユーザの場所を指している．

　図2・6(a)は，IoTデータ処理にクラウドを使用する場合，図(b)はエッジコンピューティングを使用する場合を表している．後者では，広域無線通信負荷とユーザが結果を取得するまでの遅延がともに低減されることがわかる．また，図2・6から，エッジコンピューティングは，データ処理をクラウドサーバから，ユーザやデータ発生源に近いエッジサーバにオフロードすることで，遅延時間を低減する技術であると言える．

2.6　エナジーハーベスト

　無線センサネットワークは電池交換無しで長期間稼働できることが必須であり，定期的なノード交換やバッテリ交換はコスト的に難

(a)　クラウドコンピューティングの　　(b)　エッジコンピューティングの
　　　場合　　　　　　　　　　　　　　　　　場合

図2・6　IoTデータの収集・処理

しい，あるいは，不可能である．そのため，環境からエネルギーを
生成しセンサノードに供給する環境発電（エナジーハーベスト）の技術
が注目されている．環境発電には，大きく，①太陽エネルギーを利
用するもの，②物理エネルギーを利用するもの，③熱エネルギーを
利用するものの3種類が存在する．このうち，①は，光があるとこ
ろでのみ利用可能であり，光が無いとき（夜間など）にも稼働させた
い場合には，充電池と併用するなどが必要である．②は，物体の移
動や振動から電力を生成するものであり，橋梁や道路・線路，靴な
ど，振動や力が発生する物体に取り付けることで電力を発生させる．
最後の③は，温度が異なる物質の接合点で発電するものであり，例
えば，ペルチェ素子を人の体に接触させ，人体の温度と外気温の差
から発電する．

　EnOcean（https://www.enocean.com/jp/）は，これら3種類のエナ
ジーハーベスト技術に基づいた，IoTデバイス向け発電・無線通信
モジュール（図2・7）を開発し販売している．

　著者らもこれらのモジュールを使った人感センサやドアセンサ，

(a) 機械エネルギー　　(b) 太陽エネルギー　　(c) 熱エネルギー

図2・7　エナジーハーベストモジュール
〔出典〕EnOcean（https://www.enocean.com/jp/）

押ボタンスイッチなどを，スマートホームでの行動認識（3.2節）などに使用している．

2.7　データ分析・可視化

IoTデバイス，特にセンサが計測したデータは，可視化や分析を行ってはじめて，意味や価値のある情報に変えることができる．例えば，スマートフォンやスマートウォッチの加速度センサが計測したデータは単なる数値の羅列であるが，これを可視化・分析することで，デバイスを所持しているユーザがどのような状態にいるのか，例えば，歩いている，座っている，立っている，走っている，階段を上っている／下りている，さらには，電車に乗っている，エレベータに乗っているなどがわかる．そのため，データの可視化・分析技術は，IoTにとって必要不可欠の技術である．

図2・8は，加速度センサを内蔵したベルト型IoTデバイス（1.5節参照）を装着したユーザの時系列データを可視化したグラフである．X軸，Y軸，Z軸方向の加速度の大きさの時系列変化を3本の線で表現している．図2・8の左側と右側を比較すると，歩いているとき

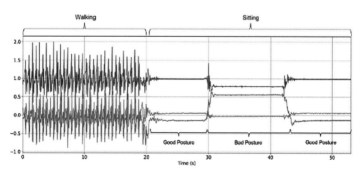

図2・8　ベルト型IoTの加速度センサデータの例

（Walking）と座っているとき（Sitting）でグラフの振れが大きく異なっている．Sittingの区間では，各軸の値の違いから，良い姿勢（Good Posture）と悪い姿勢（Bad Posture）を区別できる．このように時系列センサデータをグラフなどで可視化することで，異なる状態に対応するデータ区間を直観的に比較することができる．

しかし，可視化だけでは，計測したデータがどの状態に相当するのかを自動的に判定することはできない．そのため，計測データから有用なパターンや対応関係を機械的かつ効率よく抽出するために，近年，機械学習と呼ぶデータ分析手法が多用されている．機械学習とは，観測されたデータから数理モデルを構築する手法であり，構築されたモデルに対し新たに観測されたデータを入力することで，予測や決定を行う．機械学習は，大きく教師あり学習と教師なし学習，強化学習に大別される．さらに，教師あり学習は，分類モデルと回帰モデルに分けることができる．

教師あり学習・分類モデルは，与えたデータがどのクラスに所属するかを推定する分類問題を解くモデルである．クラス数が2の場合，2値分類，2より大きい場合を多値分類と呼ぶ．各時間区間のデータサンプルと対応するクラスラベル（正解データ）の組を訓練データとして与えることで，データとクラスの関係を学習する．先のベルト型センサの例では，歩いている，座っている（良い姿勢），座っている（悪い姿勢）の3クラスに対して，学習して分類モデルを構築する．

教師あり学習・回帰モデルは，クラスではなく，値を推定する回帰問題を解くモデルである．例えば，歩行時の加速度データから，心拍数を予測する[3]，掲示板データから株価を予測する[4]などがこれに該当する．代表的な教師あり機械学習のアルゴリズムとして，SVM（Support Vector Machine），決定木，ロジスティック回帰，Random

Forestがあり，分類，回帰のどちらにも使用できる．一方，近年注目を集めている深層学習も，教師あり学習の一つであり，画像データ向けのCNN（Convolutional Neural Network），時系列データ向けのRNN（Recurrent Neural Network），LSTM（Long-short term model）などが存在する．

　教師なし学習は，正解データがない場合のデータ分析手法である．データの特性が似通ったサンプル群をグループ化するクラスタリング，サンプル分布の分散が最大となるように，多数の変数を少数の変数に次元削減する主成分分析などの手法がある．

　一方，機械学習の一つである強化学習は，データ分析に直接関係はしないものの，IoTのアクチュエーションに大いに関連するので触れておく．

　強化学習とは，ソフトウェアエージェントがある環境の下で獲得する報酬を最大化するために，どの行動をとるべきかを経験（過去の行動選択と獲得報酬）から学習していく方法である．例えば，住人のフィードバックを報酬としてとらえ，最適な空調や照明制御といったアクチュエーションに活用できる．

　近年は，機械学習のツールが充実しており，プログラミング初心者でも容易に機械学習を行うことができる．例えば，フリーソフトのWekaはプログラムを作成することなく，ツール上での操作だけで機械学習によりデータ分析ができる．また，プログラミング言語Python向けに提供されているScikit-learnライブラリを使うことで，容易に機械学習を用いるプログラムを作成できる．

　なお，機械学習アルゴリズムの詳細は他書，例えば［スッキリ！がってん！機械学習の本（北村拓也著）］を参照して欲しい．

2.8 セキュリティ・プライバシー

　IoTデバイスが人の生活空間に多数設置され人と共生していくためには，デバイスやサービスを人々が安全・安心に使用するためのセキュリティおよびプライバシー保護技術が必須となる.

　ネットワーク接続可能なIoTテディベアを介した親子の音声会話データの漏えいや，近年普及が進んでいるスマートスピーカによる盗聴騒動，スマートスピーカの超音波による不正制御など，家庭に普及したIoT機器がトロイの木馬（一見無害なプログラムであるように見えるが，実体は有害な動作をする悪意のあるソフトウェア）となって，プライバシー情報を送出したり，悪用したりする事件が相次いでいる. 残念ながら，これらを防ぐための包括的な技術は今のところ存在しない.

　スマートフォンの場合，過去に同様の問題が起きた結果，現在では，アプリケーション毎に，位置情報や連絡先などの情報，カメラ，マイクなどの入力装置に対するアクセス権を簡単に設定可能になっている. 一般家庭に広がる様々なIoTデバイスに対しても，スマートフォンで提供されている機能と同様に，機器からどのようなデータが送出されているかを検知，理解，遮断することを可能にする技術が必要である.

　そこで，著者らはIoT活動量計と呼ぶ，IoT機器の動作状況可視化システムの開発に着手している. 機器から送出される通信情報や電磁波情報から，家庭内のどのIoT機器のどんな機能が使われているのかを推定できるシステムの実現を目指している.

　図2・9はIoT活動量計の概念図を示したものである. この図では，通信情報に基づく例を示しているが，機器の通信パターンを学習し，機器と機能を識別して，ユーザのスマートフォンに提示するシステ

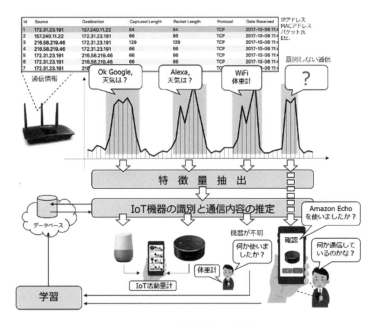

図2・9 IoT活動量計の概念図

ムとなる.

近年,様々なIoTデバイスが日常生活空間に設置されることによって,利用者のプライバシー情報を含むデータが収集され,漏洩の危険にさらされている.プライバシー情報は,漏洩すると悪用される可能性があり,漏洩防止対策が重要になる.

例えば,多くのセンサやIoTデバイスを搭載したスマートホームが近年普及しつつあるが,高齢者の見守りなどのスマートホームサービスを利用する際には,プライバシー情報を含むデータをサービスプロバイダのサーバ(クラウド)にアップロードする必要がある.一般に,利用者が得ることのできるサービスの品質はアップロードさ

れるデータの量や頻度に依存する（例えば，異常検知サービスでは，アップロード頻度が高いほど，より短時間での異常検知が可能）．しかし，サーバへの攻撃により，データが外部に漏洩するリスクが発生し，データ量が多くアップロード頻度が高いほど，より大きなリスクにさらされる．生活行動データが漏洩することで，いつ住人が不在で，いつ就寝しているのかなどが詳細にわかるため，空き巣などの犯行に使われてしまうかも知れない．そこで，各種センサを備えた複数のスマートホーム，エッジコンピューティングサーバ，クラウドサーバからなるスマートコミュニティシステム（図2・10）を対象に，プライバシー漏洩リスクとサービスから得られる利益のトレードオフを利用者自身が考慮可能なデータ管理手法が開発されている[5]．

　この手法では，利用者のプライバシーを保護しつつ，サービスの

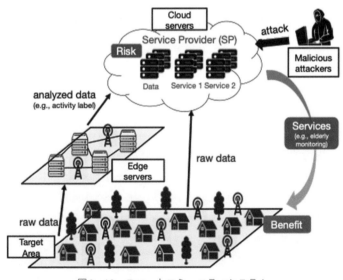

図2・10　スマートコミュニティシステム

メリット（利益）を維持するために，①アップロードするデータの種類とアップロード頻度の選択肢の提供，②時間帯ごとのリスクと利益の評価，③リスクと利益のトレードオフを考慮した各時間帯における最適な選択の決定を行う．具体的には，1日をいくつかの時間帯（7-9時，9-12時など）に分割し，時間帯ごとに，①の選択肢として，生データ（時系列センサデータ），または，エッジサーバを使ったデータ分析結果（認識された行動ラベルなど，生データと比べプライバシー情報は少ないが利用コストがかかる）のどちらをクラウドサーバにアップロードするかと，データのアップロード頻度（10秒ごと，5分ごとなど）の組み合わせが選択肢として用意されている．そして，②において，それぞれの組み合わせに対する，プライバシー漏洩リスクおよび利用者がスマートホームサービスから得られる利益が定義されている．リスクに関しては，k-匿名性を考慮し，ある行動・時間帯のデータに対し，同時間帯に同じ行動を行っている家の数が多いほど低くなるように設定されている．利用者は一定の予算の範囲内で，サービスから得られる利益とプライバシー漏洩リスク，また，異なる時間帯への予算配分を考慮しながら，低リスクと高利益を両立可能にする，時間帯ごとのデータ種類とアップロード頻度を決定する必要がある．この問題はNP困難であるため，準最適解を導出するヒューリスティックアルゴリズムが開発されている（詳細はコラム参照）．

　IoTデータを使ったサービスの多くは，機械学習モデルに依存しており，モデルの訓練のため，データのサーバへの収集が必要となる．近年，プライバシーを含むデータをサーバにアップロードせずに，モデルを訓練する技術も登場してきている．そのような技術の一つとして，フェデレーションラーニングは，異なる場所で訓練した機械学習モデルの重み情報を収集し平均化することで，学習結果

コラム　NP困難とヒューリスティックアルゴリズム

　NP困難な問題とは，問題の答えの範囲が膨大で，最適な答えを求めるために，問題の大きさNに対し，2^N以上の組み合わせを探索しなければならない問題．例えば，巡回セールスマン問題やナップサック問題などが挙げられる．巡回セールスマン問題は，N個の都市の全てを巡回する最短経路を求める問題である．N都市を巡回する組み合わせは，$N \times (N-1) \times ... \times 1 = N!$ 通り存在し，これら全ての組み合わせについて経路長を求め，最短のものを選択する総当り法では，N!通り（N=100の場合，9.3×10^{157}通り）という天文学的数字になる．

　ヒューリスティックアルゴリズムとは，上記で述べたNP困難問題のような組み合わせが膨大な問題に対し，発見的な手法で準最適解（最適ではないが，最適に近いもの）を短時間で求める手法のことをいう．よく用いられる手法として，グリーディ法（貪欲法）や局所探索法などがある．例えば，前述の巡回セールスマン問題に対しては，現在の都市から最も近い未訪問都市を選択し，全てを訪問するまでこれを繰り返すという貪欲法を用いることができる．この場合，N回の繰り返しで解を算出できるが，一般には最適解とはならない．

コラム　k-匿名性

　個人情報を含むデータに対し匿名化処理を施し，匿名化データから個人をk人未満に再特定できないようにした特性を指す．kの値が大きいほど，プライバシーが保護されていると言える．例えば，40人のクラス（男23，女17）の名簿データに氏名，性別，成績が含まれているとする．氏名をランダムな記号に置き換える匿名化処理を施したとき，男性に関してはk=23，女性に関してはk=17の匿名性が達成される．位置情報データの匿名化処理に関しては，位置情報の精度を変えることで，kの値を変更することができる（位置・時刻による）．

を共有できる仕組みを提供している.

2.9　IoTサービス開発環境・ツール

　様々なIoTデバイスを活用するサービスを構築するには様々な技術を組み合わせることが要求されるため,容易ではない.そのため近年では,様々なIoTサービス開発環境・ツールが提供されており,それらによって,開発の一部を省略することができる.本節では,そうしたIoTサービス開発を支援する開発環境・ツールを紹介する.

(i)　プロトタイピングツール

　一般に電子基板などは専門業者に発注して製造しなければならないが,コストが高いことが知られている.そのため,IoTデバイスを活用したサービスを開発するためには,事前にサービスの実現可能性を検証するためのプロトタイプの開発(試作)が重要となる.そうしたIoTの試作を支援するツールが多数提供されている.例えば,Raspberry PiやArduino,mbedといったマイコンと呼ばれるデバイスは試作を進める上での強力なツールとなる(図2・11).これらは,様々なサイ

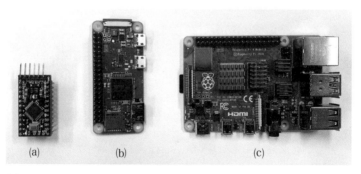

(a)　Arduino Pro Mini　(b)　Raspberry Pi Zero W　(c)　Raspberry Pi 4
図2・11　各種マイコン

ズ・形状・I/O(入出力)などの組合せが提供されており，開発者の用途に応じて最適なものを選択できるようになっている．これらのマイコンにはセンサやディスプレイといった電子パーツを直接接続できるポートが搭載されており，センサからのデータを直接受け取ったり，分析結果を出力したりを容易に行えるようになっている．

　また，Arduino，mbedではそれぞれ独自のIDE(統合開発環境)も提供されており，開発したシステムをすぐさまマイコン上で動作させることが可能となっている．

⑾　可視化・分析ツール

　サービスを開発するためには，IoTから得られるデータがどのようなものであるかを知ることは重要である．データの傾向や全体像を知るために，データを様々なグラフや地図などに変換することは，データそのものを眺めるだけではわからないことを確認することができるため有効である．こうした要望に応じて，Ambient(図2・12)やthethings.io(図2・13)，PlotlyDash(図2・14)は，IoTデータを蓄積・可視化することに特化したサービスを提供している．また，簡易な分析機能を提供するサービスもあり，データの統計量などを

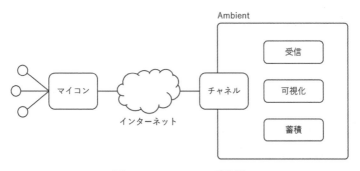

図2・12　Ambientの動作例

図 2・13　thethings.io の画面例

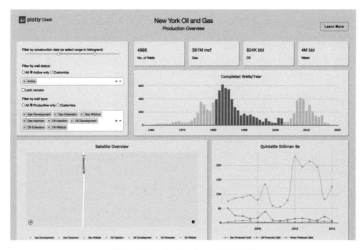

図 2・14　plotly dash の画面例

確認することができるようになっている．

(iii)　**プログラミングツール**

　IoTサービスを，フローベースドプログラミング（データの流れに着目したプログラミングスタイル）で構築するためのツールの一つとしてNode-REDがある（図2・15）．プログラムを構成する機能が予め「ノード」として定義されており，開発者はノードを線でつなぎ，フローチャートを作成するようにプログラムを作成することができる．このノードは自身で作成することも可能であり，機能を拡張することができる．

(iv)　**プロトタイピングキット**

　上述のプロトタイピングを総合的にサポートするプロトタイピングキットも提供され始めている．例えば，ソニーのMESHは，セン

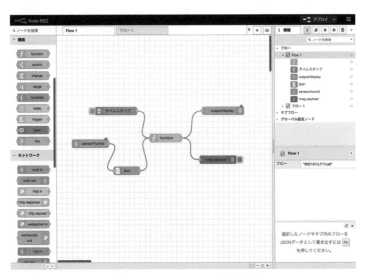

図2・15　Node-REDの画面例

サなどの搭載されたデバイス（IoTブロック）を提供しており，複数のIoTブロックを組み合わせることでシステムを構築することが可能となっている．開発者はタブレットアプリ上でブロックプログラミング（ブロックをつなげることでプログラムを作成する方法）を用いて，ノンコーディングでシステムを作り上げることができる．（図2・16）

より複雑なプロトタイプを行うためのキットとしては，M5Stackがある（図2・17）．M5Stackは，すべての機能がモジュール・ユニッ

図2・16　ソニー MESHのデバイスとアプリ
（画像提供　ソニー株式会社）

(a)　M5Stack Corelnk　(b)　M5Stack Core2　(c)　M5Stack C
図2・17　M5Stackのデバイス概要

トとして提供されており，必要なモジュール・ユニットを繋ぎ合わせていくことで機能を拡張していくことができる．現在，モジュール・ユニットは合わせて100種類程度あり，多様なプロトタイピングに利用することができる．それらの機能をサービスに使うためには，MESH同様にブロックプログラミングが可能であるほか，上述のArduino IDEによるプログラミングも可能である．プログラミングをするためにM5Stack用のライブラリが配布されているため，容易に機能を組み込むことが可能となっている．

2.10 IoT支援サービスの事例

　ここまでで紹介したIoTデバイスを活用したり，IoTデバイス同士を連携・拡張したりするためのIoT支援サービスも多数存在する．

(i) Nature Remo

　家電などのIoT化が進んでいるとはいえ，全ての家電がインターネットに繋がっているわけではない．Nature Remoは，スマートスピーカなどのIoTゲートウェイと，赤外線（リモートコントローラ）でしか操作ができない家電との間をつなぐ中継機の役割を提供する．（図2・18）

図2・18　Nature Remo
（画像提供　Nature株式会社）

⑪ SORACOM Air

屋外にIoTを設置する場合や，車などの移動体にIoTを設置する場合には，インターネットとの接続をどのように確保するかが問題となる．SORACOM Airは，大容量な通信を想定しないIoTデバイスに特化したコネクティビティを提供するサービスである（図2・19）．提供される通信方式としては，3G/LTE（モバイルネットワーク）やLPWA（低消費電力で広域をカバーするネットワーク）のLoRaWANやSigfoxがある．

⑫ sakura.io

複数のIoTデバイスを組み込んだサービスを構築する場合には，IoTデバイスで取得したデータをネットワークを経由でサーバに送信し，データベースに集約，処理をする，などの機能が必要となる．こうした機能の構築を簡易化するために，さくらインターネット社はsakura.ioを提供している（図2・20）．sakura.ioモジュールをIoTデバイスに取り付けるとIoTデバイスで取得されるデータがサーバにアップロードされ，JSON形式で取得することが可能となる．

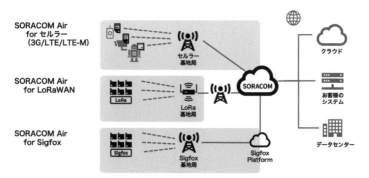

図2・19 SORACOM Airの種類と接続例
（画像提供 株式会社ソラコム）

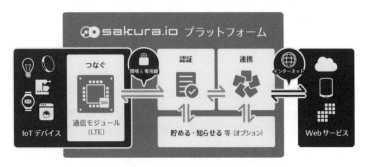

図2・20 sakura.ioの提供サービス事例
〔出典〕 さくらインターネット株式会社ホームページ

⒤v IBM Cloud（Bluemix）

IoTで収集したデータを集約・処理するためには，クラウドサーバの構築や処理のためのプログラムの作成が必要となる．これらを支援するためのサービスの一つとして，IBM Cloudがある．IBM Cloudでは，サーバや通信，データベース，データ分析，機械学習といった機能を提供しており，システム開発者は使用する機能を組合わせて開発することができる．

⒱ IFTTT

実際のサービスでは，複数のIoT・Webサービスを連携させる場合がある．例えば，スマートロック（IoT）のデータに基づいてメール（Webサービス）を送信してユーザに通知するといったものである．こうしたサービス構築をノンプログラミングで実現するのがIFTTTである（図2・21）．

IFTTTとは，"If This, Then That"の略称であり，「もし○○が◆◆のとき，△△を■■する」という機能を提供している．これまでに，IFTTTには数多くのサービス（IoTデバイス・Webサービス

など）とそれらに紐づくトリガーが登録されており，ユーザはサービスとトリガーの組み合わせを登録することで，サービス同士を連携させることができる．

(a)

(b)

図 2・21　IFTTT の概念図

2.11　IoT の現行サービス

　ここでは，実際の製品・サービスの事例に基づいて，IoT の種類や活用方法について紹介する．

(i)　IoT ゲートウェイ

　一般的に，IoT 機器は Wi-Fi や BLE などの近距離無線通信が搭載されており，クラウドサービスに接続するためには，インターネットへの中継を行う装置が必要となる．ここでは，その装置のことをIoT ゲートウェイと呼ぶ．最も身近なゲートウェイはスマートフォンである．しかしながら，スマートフォンに接続される IoT 機器はせいぜい 1 つか 2 つである．対して，住宅向けの IoT ゲートウェイでは，より多数の IoT 機器が接続される可能性が高く，市場規模の観点から，現在は，住宅向けの IoT ゲートウェイのポジション争いが激しくなっている．

(1)　Google Nest（図 2・22 (a)）

　スマートスピーカを中心にスタートし，多様なアクションを開発することなく利用でき，様々な IoT 機器・家電製品に接続できるよ

(a)　Google Nest Audio　(b)　Amazon Echo Dot (c)　Apple HomePod

図 2・22　スマートスピーカ

((a) 画像提供　Google　(b) 画像提供　Amazon　(c) 画像提供　Apple)

うになっている．現在は，買収した Nest（AIサーモスタットなど）を吸収し，カメラ，ドアベル，煙検知センサなどより多くの IoT 機器が連携可能となった．

(2) Amazon Echo（図 2・22(b)）

こちらもスマートスピーカからスタートして，RING（ドアベル）を買収して，つながる IoT 機器が増えている．「スキル」と呼ばれる機能が豊富であり，家電連携なども充実している．なお，このスキルを新たに開発することも可能となっている．

(3) Apple HomePod（図 2・22(c)）

音声アシスタント Siri を搭載したスマートスピーカである．同社の提供する HomeKit を経由した，家電制御も行うことができる．

(4) LINE Clova

コミュニケーションサービス LINE との連携が特徴のスマートスピーカである．赤外線やネットワークを介した家電制御もサポートする．

(ii) ヘルスケア IoT

生活習慣病などが社会的に大きな問題として取り上げられるようになり，継続的なヘルスケアの需要が高まっている．それに伴い，様々な身体状態測定機器からの情報を組合わせた健康管理が可能なヘルスケア IoT が人々の注目を集めている．

例えば，ウェアラブルデバイスと呼ばれる人体に装着可能な IoT がある．その多くが，日々の身体活動を計測する機能（活動量計）を備えた腕時計型デバイスであり，人々はスマートフォンアプリや Web を通じてそれらの情報を得ることができる．近年では，Google や Apple，Fitbit，Garmin，Xiaomi など，大小様々な企業がウェアラブルデバイスを提供している（図 2・23）．

図2・23　スマートウォッチ
（画像提供　Apple）

　さらに，体重・体組成計や血圧・脈拍計などの家に設置する健康家電についても IoT 化が進んでいる．例えば，Withings 社の提供する Body Cardio には Wi-Fi 通信機能が搭載されており，測定した体重・体組成などのデータを直接クラウドにアップロードすることが可能となっている．その他にも，TANITA や OMRON なども同様の機能を持つ健康家電を提供している．

　日本人の成人の約10％が糖尿病またはその予備軍と言われている．糖尿病になるのを予防するためには，血糖値を日頃から計測し，食習慣に応じた血糖値の推移を把握できることが望まれる．血糖値の計測には指先の穿刺が必要であり，それには痛みが伴っていた．近年 Abbot 社により FreeStyle リブレ（https://www.myfreestyle.jp/）という自己血糖測定器が販売されている．これは，針がついたセンサ部（直径35 mm，厚さ5 mm，耐水性）を上腕部にとりつけることで，最大2週間，血糖値を計測するものである．リブレは，短い針で皮下の間質液の糖濃度を計測しているため，装着時にほとんど痛みがないことと，センサ装着中はいつでもリーダをかざすことでワイア

レスにデータを読み取ることができるという特徴がある．通信方式
はBluetoothであり，スマートフォンでダイレクトに読み取るソフ
トも開発されている．

(iii) スマートロック

　民泊の需要とともに，大きく広がったのがスマートロックである．それ以外にも，オフィスや会議室の入退室管理で広く使われるようになっている．日本で発売されている有名なスマートロックは，Akerun，Qrio Lock，SESAMEの3つである（図2・24）．

　初期の頃は，BLEを用いて，スマートフォンから解除できるというものであったが，現在はWi-Fiを介して，クラウドに接続される製品も増えている．これによるメリットしては，出先からドアを制御できる点や，他のアプリケーションやスクリプトから操作できる点がある．例えば，著者らの研究室では，ドアの状況が常に，LINEに送られてくるといった使い方をしている．

(iv) スマートサーモスタット

　サーモスタットとは，空調制御システムのことで，全館空調を主流とする欧米の住宅で広く使われているものである．温度を設定しておくと，自動的に空調を調整してくれるというものであるが，一度設定したらそのままであることが多く，快適性が低い，人がいないのにずっとつけっぱなし，といった問題がある．

　その問題に対して，NESTという会社は，複数のセンサとネットワーク接続機能を搭載したスマートサーモスタットを開発した．NESTには，温度センサ，湿度センサ，近距離人感センサ，遠距離人感センサ，照度センサが搭載されている．ユーザの設定から，ユーザの好みを自動的に学習していき，温度と湿度を自動調整する．2つの人感センサと照度センサは，居住者の生活パターンを認識するた

めのものである．外出や帰宅のパターンを知ることで，自動的に空調の On/Off を制御し，快適性を損なうことなく，節電ができるよ

(a) Qrio Lock
(画像提供　Qrio株式会社)

(b) SESAME
〔出典〕 CANDY HOUSE JAPAN,Inc.

図2・24　スマートロックのデバイス例

うになっている.

⒱ **スマートタグ**

　落とし物タグとも呼ばれる小さなタグである.BLEのビーコンという仕組みを用いて,1秒から数秒に一度IDを発信する.BLEは,10 m程度しか通信できない方式である上,GPSなどの位置測位システムを搭載している訳ではないため,そのままでは忘れ物タグとして利用することはできない.しかしながら,同じスマートタグを使い,同じアプリケーションをインストールしたユーザが増えれば,たまたまタグの近くを通過したユーザが,発信されたビーコンを受信したときに,そのスマートフォンの位置(検知したスマートフォンのGPS情報を利用)がタグの持ち主に提示されるという仕組みである.つまり,IoTデバイスが,3.7節で説明する参加型センシングと組合わさったことにより,落とし物タグとして機能するようになっている.スマートタグとしては,MAMORIOやQrio Smart Tagなどが市販されている(図2・25).

　この仕組みは,子供や高齢者の見守りシステムとしても活用されている.福岡市では,全小学生約8万5千人にビーコンを配布し,見守りを行う事業を進めている.この方式の問題点は,システムのカバレッジ(網羅できる割合)の問題である.周辺に対応するアプリケーションをインストールしたユーザがいない場合,ビーコンを検知することができない.そのため,福岡市の事業では,自動販売機や公共施設内に固定型のビーコン受信機を設置し,補完している.2021年4月には,AppleがAirTagという独自のスマートタグを販売開始し話題になった.全世界で10億台以上のiOS搭載端末がAirTagを検知することによりカバレッジが飛躍的に向上することが期待されている.

(a) MAMORIO
（画像提供　MAMORIO株式会社）

(b) Qrio Smart Tag
（画像提供　Qrio株式会社）

図2・25　スマートタグの例

(vi)　スマート家電

　近年では，白物家電も IoT 化が進んでいる．例えば，冷蔵庫は，スマートフォンと連動した庫内温度設定の変更や，食材の賞味期限管理・使い忘れ通知などが可能となっている．炊飯器は，炊き方や

予約などをネットワーク経由で設定することが可能となっており「帰宅に合わせて炊き上げる」といったことが実現できる.

　電子オーブンでは, スマートフォンで検索したレシピをオーブンに送信することで, 自動でレシピに合わせたオーブン設定 (温度・時間など) ができるようになっている. その他, エアコンやテレビ, コーヒーメーカーからお掃除ロボまで様々な家電がネットワークに接続し, 状況の確認・操作が可能となっている.

　シャープ株式会社は, 冷蔵庫, オーブンレンジ, 自動調理鍋などをクラウドに接続し, これらのキッチン家電を連携したサービスCOCORO KITCHEN を提供している. これらの家電は音声認識機能を実装している製品もあり, 例えばオーブンレンジに「鶏肉と卵でできる料理は?」と聞くと, クラウドでレシピを検索し, 「チキン南蛮」と音声で答えてくれる. また, ヘルシオデリと呼ぶ料理キット宅配サービスを利用することで, 配達されたカット食材を自動調理鍋 (図2・26) に入れてボタンを押すだけで料理ができあがるという手軽さを実現している.

図2・26　シャープ 水なし自動調理鍋 ヘルシオホットクック KN-HW24F
(画像提供　シャープ株式会社)

IoTの応用

本章では，IoT が生み出す今後の新サービスについて，最新の研究事例を交えて紹介する．

3.1 なんでも IoT 化

(i) 超小型マルチセンサボード SenStick

日常的なモノを IoT 化するためには，センシングや通信といった機能を付け加える必要があるが容易ではない．ここでは，そうしたモノの IoT 化を容易に実現するための超小型マルチセンサボード SenStick について紹介する．

図3・1に示すように，SenStick は，わずか3gの重さでありながら，加速度・地磁気・角加速度（ジャイロ）・温度・湿度・気圧・明るさ・UV といったあらゆるセンサと，BLE による通信機能を備えた

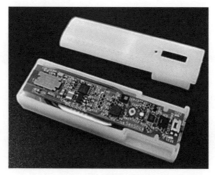

図3・1 SenStick の外観

ボードである[6]. 特徴的な点は，小ささやセンサの豊富さだけではなく，ボード上に大容量の記憶領域を持っていることである．研究では，正確にデータを記録することが重要となる．多数のデータを同時かつ高頻度（例えば100 Hz）で稼働させると，短い時間で多くのデータを送る必要がある．BLEは，消費電力が小さい反面，通信容量や信頼性が低いため，このような大容量データ通信には不向きである．一方，SenStickは，ボード上にメモリを備えており，センサデータをすべて記録した上で，計測終了後にスマートフォンと同期をするという仕組みになっている．その結果，欠損なくすべてデータを記録できる．

この超小型センシングボードがあれば，簡単に身の回りのモノをIoT化し，その動きを観測，分析することができるようになる（図3・2）．そして，IoT（Internet of Things）とは何なのかを実践的

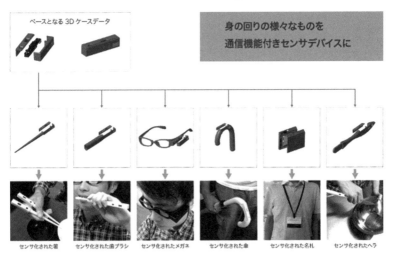

図3・2　SenStickによる一般的なモノのIoT化例

に学習することができる．SenStick は，2015 年から開発をスタート
し，2017 年と 2019 年に民間企業から市販され，様々な研究に利用
されている．

また，SenStick の基板データや SenStick ケースの 3D データは一
般に公開されている（https://github.com/ubi-naist/SenStick）ため，
誰でも SenStick を用いた新しいセンサデバイスを作成することが可
能となっている．

⑾ MetaMotion（MbientLab）

IoT 化したものによっては高頻度（高サンプリングレート）にセンシ
ングしたいという状況があるかもしれない．そうした場合に活用でき
る小型センサボードの一つが MetaMotion（https://mbientlab.com/
metamotionr/）である．MetaMotion は小型でありながらも，最大
800 Hz（1 秒間に 800 回）で加速度や角加速度（ジャイロ）を測定可能
であることが特徴である．また，その他にも地磁気・気圧・温度・
照度といったセンサや BLE による通信機能を搭載している．また，
使用シーンや用途に応じてバッテリータイプをコイン電池または二
次電池（充電式電池）から選ぶことができるのも大きな特徴である．
センシングしたデータを受信・処理するためのライブラリも多言語
（Python・JavaScript・Java・Swift・C++・C# など）で提供されてお
り，連携するシステムを構築することが容易になっている（https://
github.com/mbientlab）．

MetaMotion は，アメリカの企業 MbientLabs が販売しており，日
本からも購入可能である．

3.2 家のIoT化（スマートホーム）

(i) 一般住宅のIoT化

　一般の家を後付でIoT化することが望まれている．松井らは，容易に設置可能で，長期間メンテナンスフリーで生活行動を取得することが可能なスマートホームキットSALON[7] を開発している．SALONは，環境発電型の人感センサ群とドアセンサ群，電池駆動の環境センサ群，行動ラベルを入力する環境発電押しボタン群，センサデータを収集するゲートウェイPCから構成されている（図3・3(a)）．センサ群およびボタン群は無線通信モジュールを備えており，センシングした（または押下した）データをゲートウェイに無線で送信する．環境発電型は，室内光またはボタンを押した力から発電し，データを無線送信する．一方，環境センサ群は環境データ（温湿度，照度など）をゲートウェイにBLEで送信する．一般的なボタン電池で数ヶ月動作する．

　行動（食事や料理など）が行われる近くに，人感センサと環境センサを設置する．図3・3(b)に示すように，センサは養生テープおよび両面テープを使ってドア枠や長押に容易に取り付けることができる．押しボタンは，行動認識モデルを構築する際の正解値の取得用に用いる．

(ii) 宅内生活行動認識

　上田ら[8] は家電の消費電力情報と住人の位置情報から，料理，食事，読書，テレビ視聴，食器手洗い，風呂，掃除，仕事・勉強，睡眠，外出からなる10種類の生活行動を90 ％以上の精度で認識する手法を開発した．この手法では，住人がスマートホームで生活中に記録した時系列センサデータ（4人×3日間＝12日間）を一定時間（30秒～

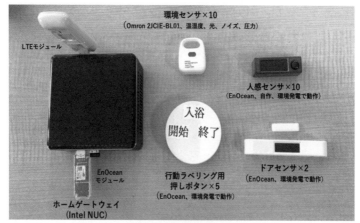

環境センサ×10
（Omron 2JCIE-BL01、温湿度、光、ノイズ、圧力）

LTEモジュール

人感センサ×10
（EnOcean、自作、環境発電で動作）

入浴
開始 終了

EnOcean
モジュール

行動ラベリング用
押しボタン×5
（EnOcean、環境発電で動作）

ドアセンサ×2
（EnOcean、環境発電で動作）

ホームゲートウェイ
(Intel NUC)

(a) デバイス

(b) 設置例

図3・3 スマートホーム化キット

5分間）の区間に分割し，区間ごとにセンサデータの特徴量（位置情報に関しては，時間区間の中央値，消費電力情報に関しては平均）を算出し，その時間区間に行われていた行動ラベルを付与する．そして，機械学習アルゴリズムの一つであるランダムフォレストで認識モデルを

学習し，10分割交差検証により認識精度を評価している．機械学習モデルを構築する際に最も労力がかかるのが正解データである行動ラベルの付与である．この研究では，図3・4に示すラベリング用の専用ソフトを開発し，生活中に撮影していたビデオとセンサデータの時系列変化を可視化するツールを用いて正確なラベル付けを支援している．

　生活行動認識において，各行動は決まった場所で行われることが多いため，住人の正確な位置情報を取得できることが重要である．上田らの研究では，超音波および電波を用いたTDOA（Time Differential of Arrival）により送信機（住人に装着）と複数受信機（天井に設置）の距離を求め，三辺測量法により送信機の正確な屋内位置を求めるシステムDragonを用いている（平均誤差は10 cm程度）．しかし，超音波位置推定システムは高価なため（2013年の導入時，数百万円），上田らの手法を一般家庭に普及させるのは難しいと考えられる．

　柏本ら[9]は，家電の消費電力情報と人感センサによる住人のおおまかな位置情報，ドアセンサによるドアの開閉情報を用いた生活行

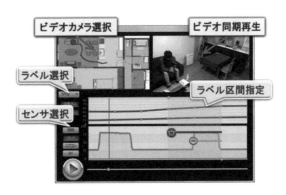

図3・4　宅内行動認識モデル構築用のラベリングツール

動認識手法を提案した．電力情報を使った場合72 %，使わない場合でも62 %の認識精度を達成している．この研究は，屋内光からの発電でセンシングおよび無線通信を行うことが可能なエナジーハーベスト型のセンサ（図3・5(a)：人感センサ，(b)：ドアセンサ）を用いていることが特徴である．超音波位置推定システムと比べて導入コストが圧倒的に低く，バッテリ不要で動作するため，メンテナンス性に優れている．ただし，部屋の中の住人の位置を詳しく知るため，検知範囲が異なる人感センサを多数設置している（図3・6の★）．また，ドアセンサは，玄関ドア，室内ドア，襖，窓など8箇所にとりつけている（図3・6の□）．

　この研究では，合計13日間（5人の住人が2〜3日ずつ生活）スマートホームでの時系列センサデータを収集し，10秒の区間に分割し，区間ごとにセンサデータの特徴量（人感センサ・ドアセンサに関しては，一度でも反応があった場合は反応あり，消費電力情報に関しては平均）を算出し，行動ラベルを付与し，ランダムフォレストで学習している．また，一日抜き交差検証（Leave one day out cross validation）により分類精度を評価している．この研究は，エナジーハーベスト型の人感

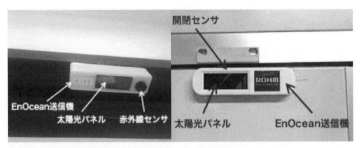

(a)　人感センサ　　　　　　　(b)　ドアセンサ

図3・5　エナジーハーベスト型のセンサ

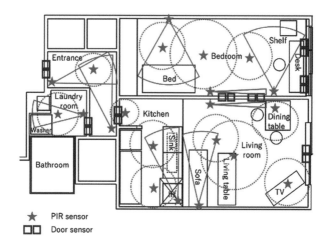

図3・6　エナジーハーベストセンサの設置図と検知範囲

センサおよびドアセンサを用いてデータを取得しており，その点で
普及性が高い．また，電力情報を併用した場合，認識精度は72 ％と
比較的高いものの，家電の消費電力情報を計測する電力計が家電の
数だけ必要なこと，消費電力情報を使わない場合には，精度が62 ％
と低いことなどが課題として残っている．

　上記では，基本的な10種類の生活行動の認識手法を紹介したが，
より高度な生活支援サービスを提供するためには，行動中のより細
かな動作（マイクロ行動）の認識が必要になる場合がある．例えば，
料理の支援を行うには，料理という行動の中の，細かな作業，例え
ば，食材の洗浄，カットやスライス，混ぜ合わせ，加熱，盛り付け
などを認識する必要がある．これにより，調理手順の間違いを検出
し，時間がかかっている作業へのコーチングを行うなどの支援が提
供できる．この料理中のマイクロ行動認識の詳細は後に述べる．

⒤ **スマート家電制御**

⑴ **IoTで消費電力を削減**

　前述のHEMS（Home Energy Management System）は，太陽光発電や蓄電池，さらには家電をつなぎ，家電に給電するエネルギー源を適切に選択することで，電力会社から購入するエネルギーを削減する．一方で，消費エネルギーの総量をIoT・AIにより削減しようとする研究が行われている．

　水本ら[10]は，室内を目標の温湿度にするために，複数の空調家電（エアコン，扇風機，加湿器，除湿機など）をどのようなタイミングで動作させると最も省エネになるのかを，部屋のサイズ，壁の材質，部屋の外部の温湿度を考慮しながら，コンピュータシミュレーションにより求め，算出された最適家電操作系列をもとに実際に家電を制御するシステムPathSimを開発している．また，その拡張システム[11]では，外部や他の部屋につながる窓や扉の開閉も考慮したアルゴリズムを開発し，手動で家電を制御するのと比べて，40％以上消費エネルギーを節約できることを示している．

⑵ **スマートリモコン**

　現代の家庭は，様々な家電で溢れている．どの家庭にも，エアコン・扇風機・空気清浄機などの空調機器，テレビ・オーディオなどのAV機器，照明機器があり，それぞれが操作に専用リモコンを必要とする．そのため，操作したい家電のリモコンが見当たらず部屋を探し回るようなことは日常よく起こっていると予想される．数が膨れ上がったリモコンを減らすため，赤外線信号を学習し，単体で複数の家電を操作可能にする万能リモコンが販売されている（ソニースマートリモコンHUIS REMOTE CONTROLLERなど）．しかし，家電の登録が複雑であったり，操作に慣れが必要であったりするなど，

誰もが気軽かつ容易に使えるものではない．著者らは，誰もが直感的に使えることを目指した万能リモコンとして，Deep Remote を提案している[12]．Deep Remote はカメラ，マイコン，赤外線リモコン信号送受信器，加速度センサ，Wi-Fi等を搭載しており，深層学習を使って，向けた先の家電を認識し，認識した家電を付属の物理ボタンまたはジェスチャ（リモコンをひねるなど）によって直感的に制御することができる（図3・7）．

(iv) **スマート調理支援**

(1) **スマート冷蔵庫**

我々の生活に最も身近な家電の一つに冷蔵庫がある．冷蔵庫に求められる最重要機能は，たくさんかつ多様な食省エネ機能や食材の管理機能である．省エネに関して，冷蔵庫の使用状況やパターンをドアの開閉頻度や周辺の照度から把握し，外出・就寝時に省エネ運転に切り替える機能が，最新の冷蔵庫には既に組み込まれている．

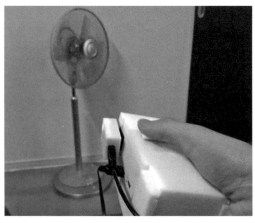

図3・7　DeepRemote による家電の操作

また，ドアの開閉回数・開いている時間が省エネに大きく影響することが知られている．そのため，LGエレクトロニクスは，扉を2回ノックすると扉が透けて中身を確認できる機能，株式会社日立製作所は，スマートフォンで開閉回数を確認したり，ドアの閉め忘れを通知する機能を搭載した冷蔵庫を開発・販売している．

　最新の冷蔵庫には，食材管理機能とその応用機能が搭載されている．例えば，シャープ株式会社は，人感センサやタッチスクリーン，音声インタフェースを備え，庫内の食材を活用する献立を音声やスクリーンを介して提案する機能を備えた冷蔵庫を販売している．一方，庫内の食材管理に関しては，各食材を冷蔵庫に入れる際に，スマートフォンアプリを使って手動で入力したり，バーコードを読み取ったりする方式が主に用いられている．しかし，理想的には，冷蔵庫が庫内の全ての食材およびその消費期限を自動的に把握できることが望ましい．市販の冷蔵庫で完全に食材把握が可能なものは著者らの知る限り未だ存在しない．

　センサやカメラを用いて庫内食材の自動把握を目指した研究がいくつか提案されている．中でも庫内にカメラを設置し画像処理により食材を認識・追跡する研究が複数行われている．しかし，画像処理に高性能プロセッサが必要となり高価になること，食材が多数投入されるとカメラの死角にある食材が認識できないこと，などの課題を残している．藤原ら[13]は，庫内のトレーに重量センサ（電子秤を改造したもの）を組み込み（図3・8），各食材を庫内に入れる，あるいは，庫内から食材を取り出す際のトレーにかかっている全重量の前後差から食材の種類を推定する手法を提案している．また，同重量の複数候補が存在し特定できない場合に，音声認識を併用し食材を容易に特定する方法を提案している．

図3・8　スマート冷蔵庫のための重量センサの外観

(2)　スマート調味料入れ

　調理において，調味料の分量は，料理の味を決める上で重要である．しかしながら，計量スプーンなどを使って正確な分量を測って投入する方法では，手早く複数のレシピを調理できない．そのため，多くの調理者は目分量で調味料を投入している場合が多いが，誤差が大きいことがわかっている．また，個人により味の好みが異なり，クックパッドなどのレシピ通りに調理した場合，味覚が嗜好に合わない可能性がある．

　こういった問題を解決するため，木戸ら[14]は，調理者ごとの好みの分量を学習するとともに，指定した分量の調味料の投入を支援するスマート調味料入れ（図3・9）を開発した．このIoT化した調味料入れは，加速度センサ，ジャイロセンサとLEDを備え，容器の傾きから投入分量を推定し，目標分量の投入を終えるとLEDで知らせる機能を実現している．

(3)　調理作業の認識と最適化

　IoT技術を用いた調理支援に関する研究が盛んに行われている．

Fornaserら[15]は，図3・10に示すように，キッチンに設置した Kinectカメラを使って，料理中の人のスケルトンを抽出し，スケルトンの胴体と上肢や下肢との角度や振動を特徴として用いた機械学習により，各調理作業（調理器具を手にとる，食材を手にとる・戻す，食材を切る，調理する，洗うなど）を80％以上の精度で認識している．

中部らは[16]，複数のレシピを並行調理する際に，各調理作業にかかる時間（Fornaserらの研究で計測可能），必要な資源（調理器具やコンロなど），調理器具の洗浄を考慮し，全ての調理（洗い物も含む）が終了するまでの時間を最小化するアルゴリズムを考案した（図3・11）．熟練調理者が工夫したケースと比べても，全体の調理時間を15％以

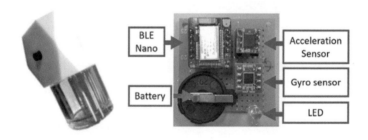

図3・9　スマート調味料入れの外観（左）とデバイスの構成（右）

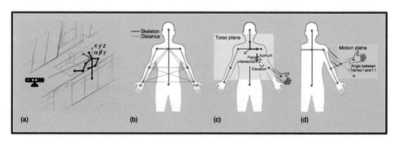

図3・10　Kinectカメラを用いた調理作業の認識

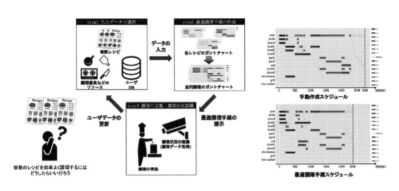

図3・11 複数レシピを並行調理するための最適調理手順作成法の概要

上短縮できることを示した.

　自動調理ロボットに関する研究も行われている. Moley Robotics
社（https://www.moley.com/）は，キッチンの側壁から延びる2本の
ロボットハンドにより，食材，調味料，調理器具を巧みに操作し，
シェフ並みの料理を自動で調理するロボット Moley を2015年に試作
し2020年に販売を開始した.

3.3　労働環境のIoT化（スマートオフィス）

(i)　スマートオフィス環境

(1)　IoT昇降デスク

　オフィス家具メーカとして有名な株式会社オカムラでは，IoT電
動昇降デスクSwift を開発している（図3・12）. 従来，昇降デスクの
操作は手で調整する必要があったが，スマートフォンと連動させる
ことで，その人の好みやその人にあったデスクの高さを記録するこ
とが可能となっている. さらに，ある人がどのような机の高さでど
れくらいの時間作業していたかなどのログを収集することもできる.

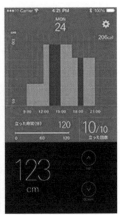

図3・12　IoT昇降デスクの外観と連携アプリ
（画像提供　株式会社オカムラ）

(2)　オフィスチェア（CENSUS）

　オフィスチェアをIoT化した事例を紹介する．座位時間が健康に及ぼす影響は大きいという様々な調査結果が報告されており，近年では適度な休憩を取ることや立位で作業をする時間を設けることなどが推奨されている．また，最先端の椅子は，様々な部位が調整できるように設計されているものの利用者が適切な設定をできていないという問題もある．

　水本らは，オフィス家具メーカのオカムラと協力し，継続的に姿勢と椅子の設定をセンシング可能な椅子CENSUSを開発している[17]（図3・13）．CENSUSでは，メッシュ型の椅子を対象として，メッシュのたわみ具合を加速度センサで計測する方式を提案し，非接触でユーザの姿勢を継続的に計測できることを明らかにした．椅子の上での姿勢は，座面への体重のかかり具合が前後，左右中の組み合わせで6通り，上半身の傾き具合が前傾，中立，後傾の3通りで，合

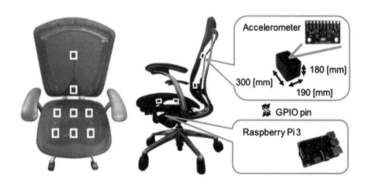

図3・13　姿勢認識チェア CENSUS（2017）

わせて18通りに定義される．これらの姿勢を椅子に取り付けた8つ
の加速度センサによって識別する．様々な体格の被験者を集め，デー
タ収集を行い，機械学習によって識別モデルを構築した結果，18通
りの姿勢を平均85.6 ％の精度で識別できることが示された．

　オフィスチェアメーカは，人間工学に基づく高機能な椅子を数多
く販売している．これらの椅子は，様々な部位を動かして体型に合
わせることが可能だが，実際のところ，自分の体型に対して，どの
ような設定が最適なのかを理解して利用している人が少ないという
のが現状である．また，販売側もどのような設定が好まれて利用さ
れているのか把握できていない．そこで，CENSUSの新しいバー
ジョンとして，椅子の設定センシングにフォーカスしたプロトタイ
プを試作した（図3・14）．椅子の設定とは，座面や肘掛けの高さ，座
面の前後位置などである．これらをセンシングするために，距離セ
ンサや磁気センサなど様々なセンサを椅子の筐体内に収めている．
姿勢をセンシング可能な椅子は，CENSUS以外にも多数研究例があ
るが，椅子や肘掛けの高さや座面の奥行き，バックカーブアジャス

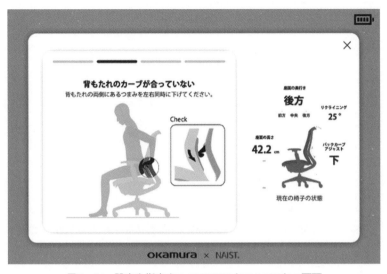

図3・14　設定を指南する CENSUS（2018,2019）の画面

トの状態など，レバー操作によって調整可能な部位の状態をセンシング可能な椅子は，CENSUS が世界初である．さらに，様々な部位の設定状況をリアルタイムに表示し，ユーザに対して適切な設定を教える設定ナビゲーションアプリケーションを開発している．着座して，スタートボタンを押すと，画面に順次，椅子の設定状況と適切な設定が示される．例えば，椅子の高さは，座面上に埋め込まれた8個の圧力センサにかかる体圧分布から決定し，前側に荷重がかかっている場合は椅子が高すぎ，後ろ側に荷重がかかっている場合は椅子が低すぎると利用者に提示する．これにより，利用者は，高さ，奥行き，バックカーブなどを画面の指示に従って調整していくことで，自分の体型に最適な設定をすることが可能になる．

⑶　スマートマウス

　躁うつ病に代表される気分障害やストレス障害といったこころの病気を予防する技術は，現代社会において喫緊の課題である．こころの病気の予防にはまずストレス状態を把握する方法を実現しなければならない．ここでは，オフィスワーカーのストレスを計測するためのスマートマウスを紹介する．オフィスワーカーのストレスを測る方法として，前田らは，事務作業中に常時触れるマウスに着目し，心拍センサや湿度（手汗を計測）をスマートマウスに内蔵した[18]．オフィスワーカーは，いつもどおりマウスを使うだけで，自動で心拍センサと湿度のデータが収集される．これを用いてストレスの推定が可能になれば，例えばストレスが高まっている状況に陥った際に，休憩を推薦することにより，オフィスワーカーの気分転換を促すことが可能となる．

図 3・15　スマートマウスの外観と使用例

> コラム　**センサで測定可能な様々な生体情報**
>
> 　近年，様々な生体情報を手軽に計測可能なウェアラブルセンサが利用可能になってきている．Fitbit や Apple Watch などのスマートウォッチは，初期型から光電式脈拍計を備えており，最新のモデルでは，より詳しい心拍情報である心電図（ECG）に相当する情報を PPG（光電式容積脈波記録法）で計測できるようになっている．ECG あるいは PPG を計測できると，心拍変動（もしくは脈拍数変動）と呼ばれる，心拍／脈拍の時間間隔のゆらぎを取得することができ，これを周波数解析（どの周波数成分が強いかを表す分布を求める手法）することで，自律神経系の交感神経活動と副交感神経活動を把握することができる．低周波数成分（LF）と高周波数成分（HF）の比（LF/HF 比）は，交感神経と副交感神経のバランスを反映しており，LF/HF 比が高いと，交感神経優位（ストレス状態）であり，低い場合は副交感神経優位（リラックス状態）であることがわかる．心拍以外にも，EDA（皮膚電位）や GSR（皮膚電気反応）といった，心理状態を反映する生体指標が計測可能なデバイスも広まりつつある．また，視線や瞳孔経，まばたきなどを計測可能なメガネ型デバイスも販売されている（Pupil Core/Invisible など）．これらの情報は人の注視対象や感情などの心理状態を推定するのに使用されている．

⑷　スマート名札

　ストレスを自己チェックする方法として，ライフログを取り，生活習慣の変化を意識するという方法がある．例えば，普段より歩数が減っている，心拍数が高い，睡眠時間が短いといった変化を知ることで，生活習慣を改善し，ストレス耐性を上げることができる．一方，オフィスビルが高層化し，一箇所に集積するようになったことで，一日中同じビル内で過ごす労働者が増えている．そのため，

オフィスでの過ごし方，つまり，オフィス内ライフログもストレスチェックに役立つと考えられる．ミーティングの回数，トイレの回数，休憩の回数，デスクワーク（座位姿勢）の時間などが，歩数や心拍数のように簡単に可視化されれば，そうした指標の中からストレスと関係性のある指標を見出すことができる可能性がある．日立製作所は，名札型のウェアラブルセンサを開発し，人と人の接触度から，職場の幸福度を測る取り組みを行っている［https://www.hitachi.co.jp/products/it/lumada/usecase/case/lumada_uc_00206.html］．このデバイスは，赤外線を相互に送受信することができるようになっており，その状況から人同士のつながりを計算している．そのため，全員が装着する形での運用となり，費用が高い．また，専用充電ドックに刺すだけとはいえ，毎日充電する必要がある．そして，得られた結果，つまり人間関係やライフログは，雇用主に把握されてしまうという懸念がある．

　梅津らは，自己チェックのために，使いたい人だけが利用でき，コストが安く，充電などの手間が不要な屋内ライフログデバイスEHAAS の開発を進めている（図 3・16）[19][20]．このデバイスは，日立製作所と同様に名札型のウェアラブルデバイスで複数の太陽電池を備えている．しかしながら，バッテリーは搭載されておらず，充電も不要である．太陽電池は，単結晶シリコン，色素増感型，など様々な種類があり，それぞれ明るさや波長に対する発電特性が異なる．これらを複数並べることで，照度計，かつ，分光器として利用することができる．場所ごとに発電量を記録し，学習することで，屋内ライフログデバイスとして利用することができる．もちろん，電力を得ることもできるため，自身で発電した電力でマイコンを駆動させることで，充電不要のライフログデバイスとなる．実際に，開

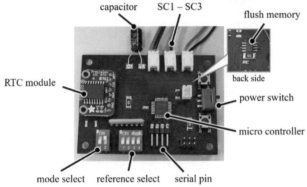

capacitor　　SC1 – SC3

flush memory

RTC module

back side

power switch

micro controller

mode select　　reference select　　serial pin

図3・16　充電不要な屋内ライフログデバイス EHAAS の外観とデバイス構成

発したデバイスを用いて，8箇所の識別を試したところ，90％以上の精度で，どの場所にいたかを識別可能であることがわかっている．

(ii)　労働者のストレス推定

　近年，過労が社会問題となり，様々な企業が働き方改革に取り組んでいる．その中で，センサを用いたストレス，QoL（Quality of Life），ワーク・エンゲイジメントの計測に注目が集まっている．これまでこうした指標は，質問調査票による調査が一般的であった．この手法は低コストで多ユーザの調査を行うことができる反面，質問した

瞬間の状態しかわからず，継続的な調査ができないといった欠点があった．

　近年では，スマートフォンやスマートウォッチなどのスマートデバイスが普及し，所有者が増加している．そこで，そうしたデバイスに搭載されたセンサを用いることで，ストレスなどの内面的な状態を推定するという研究が進んでいる．

　例として，雨森らによるスマートデバイスを用いた QoL 推定[21] という研究がある．QoL を計測する質問紙は，いくつか種類がある．最も簡潔な質問紙である WHOQOL-BREF でも 26 問の質問から構成されており，毎日調査することは容易ではない．そこで，雨森らは，スマートフォンとスマートデバイスから得られる，位置情報，心拍情報，歩数情報などから回答を推定することを目指した．その結果，26 問のうち 17 問は 90 % 以上の精度でセンサデータから推定できることがわかり，回答の変動が少ない 9 問だけを質問すれば良いことがわかった．

　その結果を踏まえ，谷らは，このような労働者のセンシングを簡単に行えるモバイルアプリケーションプラットフォーム WorkerSense を開発している（図 3・17）[22]．WorkerSense は，iOS/Android で動くアプリケーションであり，BLE（Bluetooth Low Energy）で接続された活動量計や環境センサのデータ収集と，被験者に対する日々のアンケート機能を有する．2019 年には，60〜100 名規模の会社員を対象としたデータ収集実験を 2 度実施し，日々のセンサデータと内面状態のデータを収集できることを確認している．

　最新の分析結果では，前日の睡眠状況から，次の日の抑うつ気分と不安気分（DAMS：Depression and Anxiety Mood Scale）に関して，顕著な状態を 70 % 以上の精度で推定できることが明らかになっている．

図3・17　WorkerSense のアプリ画面

> **コラム　ストレスレベル・QoL を測る指標**
>
> **WHOQOL-BREF**：26項目の質問を用いて，肉体的，心理的健康，社会的関係，経済的および職業的地位などの生活の質を評価する指標である．
>
> **DAMS**：肯定的気分と抑うつ気分，および不安気分の程度を測定するための質問票であり，「はつらつとした」，「暗い」，「気がかりな」といった気分を表現する言葉について，今の自分の気分にどの程度当てはまっているかを7段階で選択するもの．
>
> ワーク・エンゲイジメント：仕事に積極的に向かい活力を得ている状態を評価するものであり，仕事にどの程度熱心に取り組んでいるかを尋ねる質問である．
>
> リカバリー経験：ストレスフルな体験によって消費された心理社会的資源を元の水準に回復（リカバリー）させるための行動について質問するものであり，1日の仕事が終わった後の時間の過ごし方について答える．

(iii) 労働者の行動変容・健康支援

　ここでは，IoTデバイスと人の対話について紹介する．IoTデバイスには様々なセンサが搭載されていることから，人に見えない情報を取得し，人に提示することで，人の行動を変えることが可能となる．

　例えば，CO_2濃度が高くなると集中力が下がったり眠くなったりして，生産性が落ちると言われている．オープンな職場環境では，他人の話し声が気になって集中できないという問題も指摘されている．こうした状況に対して，CO_2センサや騒音センサといったIoTデバイスが人に対して働きかけるシステムを構築している．

　現在，著者らの研究室には16箇所にIoT環境センサが設置されている（図3・18）．各センサでは，温度，湿度，気圧，雑音，明るさなどを常時センシングしている．また，室内にCO_2センサも設置されている．これらのIoTデバイスは，研究室内のコミュニケーションツールSlackに接続されており，研究室のメンバーに対して『換気せよ』『もう少し静かに』といったメッセージを送るようになっている．

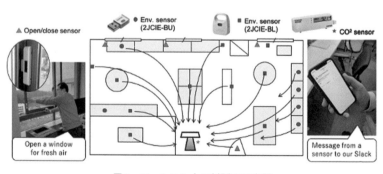

図3・18　IoTと人が対話する空間

また，日常行動のトリガーとして，IoTデバイスを組み込み副次的な効用を産み出す実験も行っている．図3・19は，体重計と連動する電子レンジである．カロリーを摂取する際に，体重計に乗るという行為を強いることで，自身の健康状態を確認するという習慣を植え付ける．

今後は，電子レンジの終了を待っているスキマ時間を活用して，健康状態を対話で聞き出すといったことも考えている．

3.4　スポーツのIoT化（スマートスポーツ）

センサの小型化によって，スポーツの領域でもセンシングが広がっている．サッカーやラグビーなどでもセンサを活用して選手の動きや状態を計測し，戦術を分析したり，怪我の予防に役立てたりという動きが広がっている．テニスラケットやゴルフクラブ，野球のバットに取り付けられるセンサも様々なものが発売されており，利用者はスマートフォンとこれらのセンサを組合わせることで，自身の動きを数値化して分析することができ，アプリケーションを通じた技術指導もできるようになっている．

図3・19　体重計に乗らないと動かない電子レンジ

(i)　トレーニング支援

①　MiLift

　スマートウォッチから取得される静的加速度データをもとに自動的に運動種目・レップ数を認識可能なトレーニングトラッキングシステムである MiLift が提案されている[23]．これによりユーザにトレーニングを開始／停止させたりすることによって生じる負担を防ぐことができる．22人の被験者を対象に10種目のマシントレーニング，6種目のダンベルトレーニングで種目認識を行った評価実験では，機械学習アルゴリズムとしてランダムフォレスト，評価方法として10-fold 交差検定を用いた結果，88.5％の精度で種目認識可能となっている．また，レップ数は約92％の精度で認識可能である．

②　Smart-Mat

　運動用マットに圧力布センサを組み込んだ Smart-Mat が提案されている[24]．Smart-Mat では，8種目の自重トレーニングと2種類のダンベルトレーニングを認識し，そのレップ数も認識することができるようになっている．7人の被験者から収集された合計200レップ数のデータセットを用いて認識したところ，82.5％の精度で種目認識し，90％程度の精度でレップ数を正しくカウントできると報告されている．

(1)　自重トレーニング支援

　自重トレーニングのセンシングシステムとして UbiFITT が提案されている[25]．UbiFITT では，図 3・20 に示すように，全身8箇所にセンサを装着し，被験者13名に10種類の自重トレーニングを実施してもらい，そのデータを機械学習によって分析する．その際に，センサの組み合わせや特徴量の組み合わせを変えながら，複数の機械学習アルゴリズムで検証した．その結果，最終的に，腰と手首に

センサを取り付けることで，10種類の自重トレーニングを93.5 %
で識別できることを明らかにした.

(2) 自重トレーニング認識グローブ（GIFT）

　UbiFITTと同様に自重トレーニングを認識するIoTデバイスとして，グローブ型IoTのGIFTを開発している[26]．図3・21に示すように，GIFTはグローブ（手袋）の表面に圧力センサを搭載しており，

図3・20　UbiFITTで認識可能な自重トレーニング種別

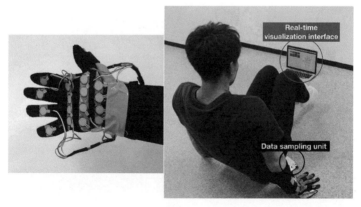

図3・21　自重トレーニング認識グローブ GIFTの外観と使用例

手にかかる圧力分布の差によってどの自重トレーニングが実施されているか，またその負荷はどの程度かを推定する．さらに，認識結果によってグローブと連携するディスプレイを通じてユーザに対し適切な運動方法をレクチャーする．

(ii)　スポーツ技能向上支援

(1)　剣道センシング

　剣道の打突動作センシングシステムが提案されている[27]．このシステムでは，図3・22に示すように，被験者の両手首と竹刀2箇所にセンサを取り付けている．打突動作に関しては，面・胴・小手・突きの4分類を基本として，面・胴・小手に関して，左右の識別を入れた8分類についても行っている．筋トレ識別の研究と同様に，複数の被験者にセンサを装着してもらい，様々な打突動作を行ってもらって，データ収集を行う．そして，センサの組合わせや特徴量，機械学習アルゴリズムを変えながら精度検証を行っていく．その結果，最終的に，手首のみにセンサを取り付けることで，5パターン

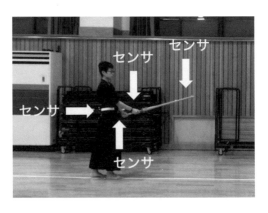

図3・22　剣道センシングのセンサ設置例

の打突を89.5％で識別できることを明らかにした.

(2)　釣りセンシング

　レジャー白書2020（公益財団法人 日本生産性本部）によれば，我が国の釣り人口は，2018年620万人，2019年670万人と増加している. 釣りは老若男女問わず楽しめるスポーツ・レジャーである一方で，条件や技能により釣果が大きく変わってくる. そのため，IoTを使った釣りのサポートが期待されている. IoT魚群探知機deeper（https://deepersonar.com/）は，水面に浮かべるだけで，ソナーにより水深（100 mまで），水温，海底の地形，そして，魚とそのサイズをセンシングし，Wi-Fiを使って手元のスマートフォンに送信する機能を持つ. これにより，魚がいる場所を素早く見つけることができ，釣果アップに繋がる. いつどこでどの魚が釣れたのかは，どの釣り場に行くのかを決める際に非常に重要な情報である. 渡船店や釣具店のウェブや釣り情報雑誌には，様々な釣果情報が掲載されているが，具体的な場所や方向，時刻，どんな作業をした結果，その釣果が得られたのかまでは掲載されておらず，また，そのような情報を釣り人が逐一記録し，ウェブに掲載するのは難しい. そこで，研究段階ではあるが，釣り竿に加速度センサを取り付け，魚がかかってから釣り上げるまでの振動データを機械学習で解析することで，魚種およびサイズを推定する取り組みが行われている[28]. また，位置情報・加速度・ジャイロセンサを備え，データをスマートフォン経由でクラウドサーバに送信可能な釣り竿に装着する専用IoTデバイスが開発されており（図3・23），機械学習により，移動する，餌をつける，リールを巻く，仕掛けを投入する，待つといった動作を78.4％の精度で識別できることが確認されている[29]. これにより，釣りの最中に，いろいろな工夫をした人とそうでない人の間で釣果の差が

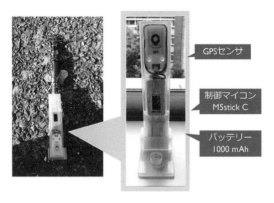

GPSセンサ

制御マイコン
M5stick C

バッテリー
1000 mAh

図3・23 釣り竿に装着するIoTデバイス

どの程度現れるのかといったことが判断できるようになることが期待できる.

(iii) ウォーキング支援

(1) 杖型IoT

　視覚障害者の駅ホームからの転落事故が後を絶たない. 視覚障害者は白杖を使い, 杖から伝わる前方路面の状況を頼りに移動をしている. しかしながら, 自身の位置や方向を誤認してしまい, 事故に至ってしまうケースが多発している. そのため, 白杖にセンサを取り付け視覚障害者が得られる情報を増やすことで安全性を高める取り組みが行われている. 京セラ株式会社は, ホームや電車の至るところに無線タグを取りつけ, 杖に無線タグからの電波の受信機を備えることで, 音声や振動で危険を知らせる「スマート白杖」を開発している.

　杖は, 視覚障害は無いが歩行の能力が衰えている高齢者にとっても, なくてはならないものである. また, 杖を利用する高齢者に対

して，歩行能力を改善または維持するためのリハビリテーションがよく行われている．そこで，高橋らは，杖にSenStick（3.1節）を装着し，歩行状況ならびに歩行能力の計測・記録を行っている[30]（図3・24）

計測・記録したデータを分析し，杖の振り上げ，振り下げ，路面とのインパクトのタイミングを検出し，それを用いて歩行距離および歩行速度を推定している．

(2) 歩行支援アプリ（BeatSync）

ウォーキングは，高血圧や糖尿病などの生活習慣病の予防・改善対策として注目されている．しかし，歩行の負荷が高いと継続は難しく，低すぎると効果が期待できない．健康のためには，適切な道を適切なペースで歩行することが重要である．しかしながら，歩行ペースは「時速5.2 kmで歩いてください」などと提示されても，その歩行ペースに合わせることは難しい．効果的なウォーキングを実現するためには，歩行ペース支援システムが必要である．大坪らは，音楽のリズムに歩調を合わせることによって，自然にかつ正確な歩

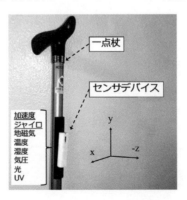

図3・24 センサを装着した杖

行ペース誘導を実現するスマートフォンアプリケーションBeatSync
を開発した（図3・25）[31]．BeatSyncは，ある楽曲のスピードを自在
にコントロールすることで，ユーザの歩行ペースを誘導する．誘導に
はユーザのスマートフォン内に保持している楽曲を使用することが
できるが，中にはリズムが速すぎ（遅すぎ）たり，不明確（特定のビー
トが他と比べて際立っていない）であったりと，歩行ペース誘導に適さ
ない楽曲が存在する．そこで，楽曲に含まれるリズムの速さおよび
明確さを元に楽曲をスコア付けし，歩行誘導に適した楽曲をユーザ
に推薦する．

　この指標の有効性を検証するために，リズムの速さ，明確さの異
なる計30曲（15曲を2セット）を用いて，被験者14人による歩行誘導
実験を実施した．その結果，提案した指標により歩行ペース誘導に
向き／不向きな曲を弁別でき，歩行ペース誘導に適した曲を選曲で
きることを確認した．さらに，BeatSyncによる歩行ペース誘導の
有用性を確認するために，選定された音楽を用いた歩行ペース誘導

図3・25　BeatSyncのスマートフォンアプリ画面

と，音声による歩行ペース誘導との比較実験を行った．結果として，被験者30人中29人において，音声による歩行ペース誘導と比較して正確な誘導ができることがわかった．

また，アンケート調査により，音楽を用いたペース誘導は，音声・メトロノームでのペース誘導と比較して，楽しさ，煩わしさのなさ，疲労感の感じにくさ，継続利用の意志，いずれも評価が高い結果となった．

3.5 都市のIoT化（スマートシティ）

世界中で，街をスマート化するスマートシティに向けた取り組みが行われている．スマートシティは，IoT技術を駆使し街や市民の様々なデータを取得・分析し，街が所有するアセット，資源，サービスを効率よく管理することを目的としている．管理対象として，道路交通量，公共交通機関，発電所，公共設備，ガス・電気・水道，ゴミ管理，犯罪検知，学校，図書館，病院，その他のコミュニティサービスが含まれる．

スマートシティの取り組み例として，スペイン・バルセロナ市では[32]，都市OS構想を掲げ，IoTプラットフォームを行政業務，公共施設のエネルギー管理等の効率化に使う取り組みをはじめている．また，Wi-Fiを基盤とした，様々なスマートサービス（スマートパーキングサービス）を市民に展開している．

都市OSは，スマートシティを実現するための基盤システムのことであり，地域内外の様々なサービス間の連携を容易にする「相互運用性」，分野や組織の壁を超え異種データを仲介し流通しやすくする「データ流通性」，継続的な維持・発展のための「拡張容易性」が必須とされている．世界中で都市OSが開発・導入されている．先述の

バルセロナ市は，Sentilo と呼ぶ都市OSを開発しオープンソースとして公開している．FIWARE（http://fiware.org/）は，欧州の官民連携プロジェクトで開発・実証されたデータ管理基盤システムであり，異なる分野間でのデータ流通に主眼を置いて開発された．FIWAREは，日本を含む世界中の100以上の都市に導入されている．

　地域独自の事情を考慮したスマートシティの実現が求められており，我が国においても，スマートシティの設計図に相当するリファレンス・アーキテクチャ（図3・26）を定めたホワイトペーパーが内閣府から公開されている[33]．

（ⅰ）　情報流通基盤

　都市における様々なインフラやIoT機器をネットワーク接続し，データを収集・解析し都市機能を効率化することを目指したオープンプラットフォームについて，SentiloやFIWAREの他にも様々な取り組みがなされている．

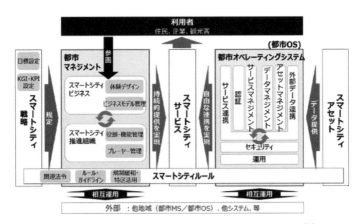

図3・26　スマートシティリファレンスアーキテクチャ[33]
〔出典〕　内閣府ホームページより

　例えば，CPaaS（City Platform as a Service, https://cpaas.bfh.ch/）プロジェクトでは，IoTを活用して様々な場所のセンサから収集したデータや行政が公開するオープンデータ，ソーシャルメディア，第三者から提供されたデータなど様々なデータを処理，結合，分析・解析するプラットフォームを実現しており，都市や民間企業は新たな形態のサービスを創出し提供することを可能としている．

　一方で，スマートシティにおける情報流通基盤が外部のクラウドサーバに強く依存していると，広域ネットワークやクラウドサーバが何らかの理由（天災や人災）により停止した場合に，都市の機能が麻痺してしまう．そこで，クラウドへの接続が遮断した際にも動作し続ける都市向けの情報流通基盤が求められている．

　Information Flow of Things（IFoT）プラットフォームは，クラウドへの接続がなくても，地域ネットワークに接続されたIoTデバイス群の分散処理により，データの収集・解析機能を提供し，行政や民間企業，個人が様々なサービスを提供できるようにすることを目指して提唱された情報流通基盤である[34]．IFoTプラットフォームは，図3・27に示すように3層で構成されており，IoTデバイス自身が持つ計算資源を活用し，IoTデバイスが生成したデバイスを近隣のIoTデバイス群で分散処理を行うことで，オンライン学習やキュレーション（収集・編纂）といった高度な機能を実現している．

　IFoTプラットフォームの特徴を利用することで，Google Mapsのような経路探索サービスを，クラウドを利用することなく実現することができる．Talusanらは，都市の道路に設置された多数の路側機（RSU：Road Side Unit）を，IFoTプラットフォームを用いて接続し，自動車向け経路計画サービスを実現できることを示した[35]．

　各RSUは近くの自動車から，現在地・目的地が指定されたクエリ

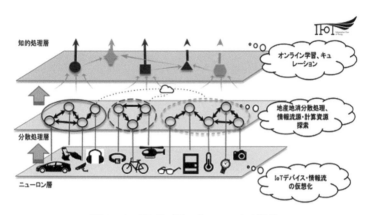

図 3・27　IFoT プラットフォームの概念

を受け取り，RSU 間の分散計算により，最も到着時間が早くなる経路を算出しユーザに提示する．

⑾　環境情報センシング

⑴　天気センシング

　天気は局所的に変化することもあり，細かい粒度での天気の情報は非常に有益とされる．天気予報サービスを提供するウェザーニューズでは，局所天気をセンシングするために IoT を活用している．

　一つは，図 3・28 に示す，スマートフォン連携でデータ収集を実現する小型気象センサ「WxBeacon2」である（デバイスはオムロン株式会社製）．ボタン電池を電源とし 6 ヶ月程度連続稼働することができる．一般市民が利用することを想定しており，スマートフォンからはウェザーニューズのサーバに計測値をレポートすることができる．

　もう一つは，図 3・29 に示す，設置型の高性能気象 IoT センサ「ソラテナ」である．これは法人利用を想定しており，より詳細な気象情報（気温，湿度，気圧，雨量，風速，風向，照度，紫外線の気象デー

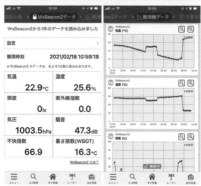

図3・28　WxBeacon2の外観（上）とアプリ（下）
〔出典〕　ウェザーニューズ株式会社

図3・29　ソラテナ
〔出典〕　ウェザーニューズ株式会社

タ：1分毎）を収集し，クラウドに集約することができる．

⑵　大気汚染センシング

　　PM2.5やSO$_X$・NO$_X$など，大気汚染が深刻化してきているため，そうした状況を検知するIoTセンサも登場している．例えば，ラトックシステム株式会社のWi-Fi環境センサ（RS-WFEVS1）は，温度・湿度・気圧といった気象データや，PM2.5・PM10といった大気中の微小粒子のセンシングが可能である（図3・30）．さらに，アプリと

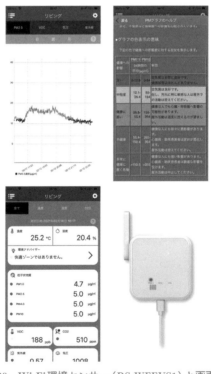

図3・30　Wi-Fi環境センサー（RS-WFEVS1）と画面例3点
（画像提供　ラトックシステム株式会社）

連携することにより，環境情報をスマートフォンで確認できるようになっている．

(3)　混雑度センシング

　環境情報だけではなく，人や車の混雑状況のデータに関しても需要も高い．こうした情報もIoTで収集することができる．

　西村らは，スマートフォンに内蔵されたマイクおよび加速度センサを用いることで，周囲の騒音や自身の歩く動作をセンシングし，周囲の混雑状況を推定する手法を提案している[36]．

　また，小島らは，スマートフォンカメラや設置型カメラなどで撮影された俯瞰画像を機械学習により分析し，画像内に存在する群衆の人数を推定する手法を実現している[37]．

　九州大学では，コロナ禍の三密回避支援を目的として，混雑度センシングを大規模に実施している（図3・31）[38][39][40]．最寄り駅のバス停，バス車内，伊都キャンパス内のバス停，食堂に混雑度センサを取り付け，リアルタイムに混雑度情報を提供している．混雑度センシングは，設置場所により，カメラ，Wi-FiやBLEの電波を組み合わせたものである．

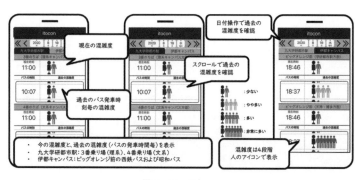

図3・31　itocon

(iii)　スマート観光システム

スマートシティの活用例として注目されているのが「観光産業」である．観光客は観光地の外の地域から来ることが想定されるため，都市環境の情報を観光客に効果的に提示すること，または都市環境情報に基づいて適切なナビゲーション・ガイダンスをすることは非常に重要となる．しかしながら，観光ガイドブックや現地のパンフレット，観光案内板といったアナログな方式が多く，まだまだIT化が進んでいないのが現状である．ここではスマート観光を実現するための最新のIoTの研究事例を紹介する．

(1)　デジタルサイネージ・案内システム

設置型IoT，例えば，デジタルサイネージによる観光案内は今後数多く展開されていくと考えられる．

JR東日本（東日本旅客鉄道）では，2019年に「案内AIみんなで育てようプロジェクト」と題し，複数の企業と共同して首都圏の8駅に様々なデジタルサイネージやロボットを設置する実証実験を行っている．その形態は多様であり，電話型のものやタッチパネル式，ロボホン（シャープ株式会社）・PaPeRo（NEC株式会社）・Pepper（ソフトバンクグループ株式会社）といったロボットなどがそれぞれ案内を行う．それらは基本的にネットワークに接続されているIoTである．このように，実証実験の段階ではあるが，着実に我々一般市民がIoTを利用するケースは増えてきている．

さらに，近年では，動画などのリッチなコンテンツを用いた観光ガイダンスも注目されている．例えば，図3・32のデジタルサイネージでは，観光ルートを徒歩で移動している動画を30秒～1分程度の要約動画としてルート提案とともに表示する機能を提供する．この動画を見ることで，実際にどんな風景が見られるのか，どのような

経路を通過するのかを事前に確認することができる.

(2) ドライブレコーダを用いた観光メモリアル動画の自動編纂

インターネットにおける動画コンテンツは増加しており，Google社の調査では観光客の約40 %以上が観光計画を立てる際に，他の観光客のメモリアル動画などを利用すると報告されている. 観光終了後のメモリアル動画として，スライドショー形式で観光スポットの写真を見返すなどがある. RealNetworks の提供する「RealTimes」では，写真に対応する位置情報に基づいて画像からショートムービーを作成・提供している. このように観光スポット周辺の写真を利用したメモリアル動画は多数あるが，観光経路の動画は少ない. 観光において大きな時間を占める経路動画をユーザに提供することは観光全体の様子を連続的に想起するための手助けになると考える.

一方，ドライブレコーダの出荷数は増加しており，2018年度は国

図3・32　要約動画を用いた観光案内デジタルサイネージ

内で年間約367万台が出荷されている．あおり運転報道の影響もあり，今後も利用者は増えると考えられるが，それらの動画は事故やアクシデント時にしか利用されておらず，動画というリッチな情報が活用されていない．

dash-cum[41] はその点に着目し，取得される動画を観光経路動画としてキュレーションすることで，観光客に観光全体の様子を連続的に想起するシステムを構築している．この観光経路動画は，観光前のマーケティングやプランニング，観光後の振り返りやシェアリングなど，様々な活用が期待できる．しかしながら，要約された動画は短時間で効果的にユーザに提示することが望ましいと考えられるため，直線的な道のりや信号での停車など冗長な部分は省略したい．そこで，観光経路動画をキュレーションするアルゴリズムを検討している．提案アルゴリズムでは，クラウドソーシングにより重要度を取得し，画像に写るカテゴリと地域のランドマークを利用した特徴量を用いて機械学習による重要度スコアの推定を行う（図3・33）．その重要度スコアを元に，観光経路動画を自動で生成する．

(a) No6,沖縄らしさ score:2.70
(predicted score:2.39)

(b) No11,沖縄らしさ score: 2.40
(predicted score:2.90)

(c) No32,沖縄らしさ score: 2.20
(predicted score:-0.20)

図3・33　ドライブレコーダの画像から沖縄らしさを算出する例

コラム **物体認識・物体トラッキング技術**

近年の深層学習による画像処理技術，計算機の処理性能の飛躍的な向上に伴い，カメラに映っている様々な物体の種類や映像中の位置を実時間で認識することが可能になっている．また，時系列画像（動画）を高速に処理することで，一度認識した物体については，移動していても追跡が可能になる．既に様々な物体を学習させた深層学習モデルとして，YOLOv3やCenterNet，MobileNetなどが公開されている．YOLOv3（https://pjreddie.com/darknet/yolo/）は，画像中から80種類のオブジェクトを認識し，その位置をバウンディングボックスとして表示する機能を持つ（図3・34）．

物体トラッキング（追跡）は，連続する画像フレームに物体検出を適用することで実現可能である．しかしながら，障害物により一時的に隠れてしまったり，方向転換などにより見た目が変わったりした場合などに，物体を見失ってしまうため，再び現れたときには新規の物体として検出されてしまう．そのような場合でも連続して同じ物体として追跡できるようにするためのre-identification（再特定化）の研究が盛んになっている．

図3・34　YOLOv3による物体検出例

3.6 モビリティのIoT化（スマートモビリティ）

　街を移動する移動体（公共交通機関，自家用車など）もIoT化することで様々な情報を収集することが可能となる．

(i)　コネクテッドカー

　近年では多くの車が何らかの形でネットワークに接続しており，情報のやり取りをしている．それらの情報を統合することにより，例えば緊急通報システムや盗難車両追跡システム，保険の価格査定，さらにオンデマンド型交通システムなどを実現することができる．以下では，それらの事例について紹介する．

(1)　緊急通報システム

　自動車などの交通事故が発生した際には，迅速に人命救助にあたることが非常に重要である．自動車が「つながる」ことにより，自動車事故発生時に自動で緊急対応機関（警察・消防・救急など）に通報を行うシステム（図3・35）を実現できる．すでに，各国での導入は進みつつあり，欧州では緊急通報システム「eCall」システムが導入されている．また，ロシアでも類似の緊急通報システム「ERA-GLONASS」の導入が進められている．これらのシステムを普及させるための規格

①**緊急通報（Emergency Call）**
　エアバッグ等のセンサーが事故発生を検知した場合や車両の緊急通報ボタンが押下された場合，その直後に欧州圏内の緊急電話番号"112"に発信する．

②**位置特定（Positioning）**
　事故発生位置（GPS座標）とともに，車両の進行方向や車種等の車両情報を最寄りの緊急通報センターに送信する．

③**緊急通報センター（Emergency Call Centre）**
　オペレータが事故の場所等をモニターで確認した後，事故車両の乗員と会話により事故情報を取得する．なお，乗員から全く反応が無い場合は，即座に救急サービスを派遣する．

④**迅速な救助（Quicker help）**
　自動通知により，救急車両は従前よりも迅速に事故現場に到達することができ，生命の安全確保につながる．

図3・35　緊急通報システム
〔出典〕　総務省ホームページより

化も進められており，欧州では2018年4月から，ロシアでは2017年1月の新型車への各緊急通報システム搭載が義務化されるなど，今後この流れは加速するものと思われる．

(2) 盗難車両追跡システム

　車の盗難が発生した際に，車がネットワークに接続していると位置を追跡することが可能となる．トヨタ自動車株式会社は，窓ガラスなどの破壊を検知するとオートアラームが作動し，顧客へ通知し必要に応じて車両位置の特定や警備員を派遣するなどして盗難発生後の対応が取れるようなサービスを提供している．（図3・36）

(3) テレマティクス保険

　現在普及している自動車保険の多くは，その保険料が事故の状況や年間走行距離で決まることが多い．しかしながら，運転者の運転行動や振る舞い，運転する時間帯などの条件によって，将来事故に遭う危険性は大きく異なると考えられる．テレマティクス保険（表3・1）では，走行距離・走行速度・時間帯などのデータを収集し，運転の危険度を評価し，保険料を策定するPHYD（Pay How You Drive）に基づく保険を提供することができる．

(4) オンデマンド型交通システム

　公共交通機関などが直接的／間接的にネットワークに接続するこ

1. アラームが作動

2. 所有者にメール
通知・電話連絡

3. オペレータが
車両位置確認

4. 派遣された警備員
が車両を確認

図3・36　盗難車両追跡システム

とにより，オンデマンドにそのサービスを受けることができる「オンデマンド型交通システム」が，実サービスや実証実験などで近年取り沙汰されている．九州大学ではaimoと呼ばれるオンデマンドバスの実証実験を2017年10月より行っており，また2019年から本格導入された．スマートフォンやWebアプリを使い，どこからでもバスの乗車予約を行うことができる（図3・37）．複数ユーザからリアルタイムに発生する乗降リクエストに対して，効率的な車両・ルート（乗り合わせる組み合わせ）を自動的に算出する「AI運行バス」の仕組み（株式会社NTTドコモが開発）を導入している．

表3・1　テレマティクス保険の一覧

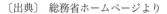

事業者 （サービス）	国	収集情報（車載テレマティクス端末による収集）						
		走行距離	速度	速度超過	加・減速	コーナリング	時間帯	位置 （道路種別）
Progressive	US	○	○	—	—	—	○	—
State Farm	US	○	—	—	—	—	—	—
National General Insurance	US	○	—	—	—	—	—	—
CIS（The cooperative）	英国	○	○	○	○	○	○	○
Insure the box	英国	○	○	—	○	—	○	○
ソニー損保 （やさしい運転キャッシュバック型）	日本	—	—	—	○	—	—	—
あいおいニッセイ同和損害保険 （つながる自動車保険）	日本	○	—	—	—	—	○	—

〔出典〕　総務省ホームページより

図3・37　AI運行バスaimoの利用イメージ

コラム　Smart Device Link（SDL）規格

　車両の情報・データを，他のスマートデバイスと共有するための
オープンソースの車載接続システム規格がSmart Device Link（SDL）で
ある．これにより，車両データ（位置情報，駆動状況など．下記表参照）を
スマートフォン上のアプリ（ナビゲーションなど）で利用できるようになる．

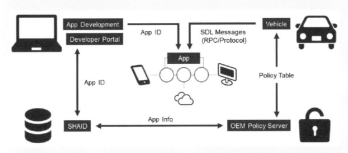

図3・38　SDLの概念図

表3・2　SDLでアプリに提供することが可能な車両データ一覧

カテゴリ	車両データ
位置情報	GPS
駆動	速度、燃料残量（％）、燃料残量レベル（通常・低・アラート）、エンジン回転数、エンジントルク、走行距離、燃費、ギア、アクセルペダル
シャーシ	ブレーキ、ハンドル舵角
ボディ	外部温度、車両識別番号、タイヤ圧力、シートベルトステータス、ボディ状況（ドア・サイドブレーキ・エンジン状態等）、ワイパー、ヘッドランプ、電源状態（ACC電源、IG電源等）
緊急	eCall、エアバッグ、緊急コール（119）の発動状況、事故・緊急時における車両データ（損傷箇所、車両の横転状態等）
デバイス	スマホの機器状況（音声認識・Bluetooth接続状況・通話状況等）

> **コラム**　**自動運転車（オートノマスカー）**
>
> 　自動運転レベルは0〜5の6段階で定義されており，人が運転する状態をレベル0として，レベル1〜5まで数字が大きくなるにつれより高度な自動運転機能が提供される．レベル1（運転支援）は，速度かハンドルの制御のどちらかを自動車側で行うものである．前走車に追従するACC（アダプティブ・クルーズ・コントロール）が例である．レベル2（部分自動運転）では，速度とハンドルの両方を自動制御する．レベル2までは，人（運転手）が常に自動運転の状況を監視しなければならず，必要に応じて，人に運転が切り替わる．レベル3（条件付自動運転）では，一定条件下において全ての運転操作を自動車側が行う．ただし，緊急時には人間ドライバの対応が必要となる．レベル4（高度自動運転）では，特定の状況下（特定地域や高速道路上のみなど）で完全自動運転を行う（ドライバが全く運転に関与しない）．ただし，特定の状況下でなくなった場合にドライバに運転が引き継がれる．レベル5（完全自動運転）は，全ての状況下における完全自動運転が可能になり，もはや人間ドライバや運転のための装置（ハンドルやアクセル，ブレーキなど）は必要ない．2020年時点で，レベル2までの機能を備えた市販車が多く販売されている（Toyota Safety Sense，日産プロパイロット，Honda SENSINGなど）．また，レベル3機能搭載車は販売または販売予定であり，今後普及が予想される．レベル4に関しては，米Waymoが自動運転タクシーサービスを既に展開している．国内でも実証実験が多く実施されている．レベル5は，インフラやルールの整備が必要であり，実現にはまだ時間がかかる見込みである．

⑾　**カーシェアリングシステム・ライドシェアシステム**

　シェアリングエコノミーの文化が近年広まっており，車を街の人々でシェアする「カーシェアリング」が多く利用されるようになってき

た．こうした「モノ」をシェアするようなサービスにおいては，必ずしも人々が効率よく使えるとは限らない（使いたいときにすぐ使えない，使いたいものが遠くにある，など）ため，IoT や AI を用いた効率化が重要となる．

(1) ワンウェイ型カーシェアリング

千住ら[42]は，乗り捨て型カーシェアリング（ワンウェイカーシェアリング，図3・39）において車両が同じ場所に集まってしまう「車両偏在問題」を解消するため，カーシェアリングシステムを潜在的に利用しそうな人を予測し，先回りで車両の移動を依頼する（その際は，利用料を値引いたり，逆に報酬を与えたりして動機づけする）アプローチを提案している．シミュレーションの結果，17 % の予約成立率向上が確認されている．

(2) 個人間カーシェアリング

近年では，企業車を貸し出すカーシェアリングサービスだけではなく，個人間で個人所有の車をシェアするようなカーシェアリングサービスも存在する．その一例が共同使用型カーシェアリングシステム Anyca である．Anyca では，ユーザはスマートフォンなどで自

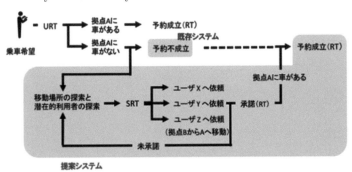

図3・39 ワンウェイ型カーシェアリング予約の流れ

分の車を登録し，その車に乗りたい人が代金を支払ってその車を利用するという仕組みである（図3・40）．スマートフォンなどの個人が所有するIoTを活用することにより，ネットワークに直接つながっていない「モノ」の価値でさえ他者とシェアできるようになっている．

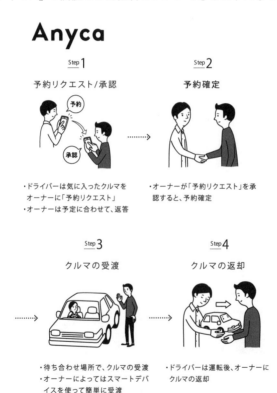

Anyca

Step 1
予約リクエスト/承認

Step 2
予約確定

・ドライバーは気に入ったクルマをオーナーに「予約リクエスト」
・オーナーは予定に合わせて、返答

・オーナーが「予約リクエスト」を承認すると、予約確定

Step 3
クルマの受渡

Step 4
クルマの返却

・待ち合わせ場所で、クルマの受渡
・オーナーによってはスマートデバイスを使って簡単に受渡

・ドライバーは運転後、オーナーにクルマの返却

図3・40　Anycaによる個人型カーシェアリングの流れ
〔出典〕 DeNA SOMPO Mobility Co.ltd

⑶　ライドシェア

　近年では，タクシーから，一般ドライバーの車に同乗させてもらう「ライドシェア」への流れが加速している（図3・41）．例えば，UberやLift などが提供するシステムでは，スマートフォンアプリから乗りたい場所を指定することで，タクシー・一般ドライバーの区別なく配車を依頼することができる（日本ではタクシー配車のみ）.

⑷　電動キックボードシェアリング

　近年，米国や欧州を中心に利用が進んでいるシェアリングサービスの一つとして，電動キックボードがある．電動キックボードを提供するmobby ride では，日本における電動キックボードシェアリングサービスを提供している（図3・42）．現在，九州大学キャンパス内において実証実験は終了している．

ⅲ　モビリティによるセンシング

⑴　自動車によるセンシング

⒜　ゴミ収集車による環境センシング

　自動車によるセンシングの例として，慶應義塾大学と神奈川県藤沢市が連携して取り組んでいるゴミ収集車による環境センシングが挙げられる[43]．藤沢市のゴミ収集車にIoT機器を取り付けることで，GPS，加速度，紫外線（UV），気圧，温湿度，PM2.5 などをセンシ

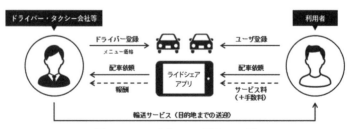

図3・41　ライドシェア流れの一例

ングすることができるようになっている（図3・43）．ゴミ収集車は定期的に決まったルートを巡回しているため，定期的な都市環境の把握に役立っている．

図3・42　mobby rideの電動キックボード
〔出典〕　株式会社mobby rideホームページ

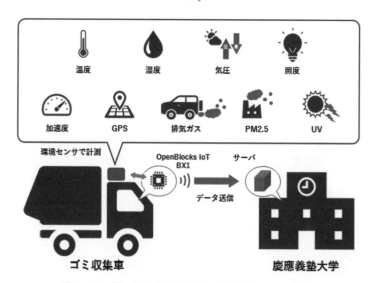

図3・43　藤沢市のゴミ収集車による環境センシング例

⒝　災害時の道路通行実績情報マップの生成

　車がIoT化していると災害時にも役に立つ．HONDAは，東北地方太平洋沖地震（2011年）の際に，自社の「インターナビ・プレミアムクラブ」会員と，パイオニア株式会社のカーナビゲーションシステムのユーザから収集した走行軌跡データ（フローティングカーデータ）を通行実績として集約し，災害発生以降に通行可能な道路の情報を分析した．さらに，Googleの運営する「Google Crisis Response」災害情報特設サイトの地図上において日々の状況を可視化することにより，現在どの道が通行可能かどうかを誰でもかんたんに確認できるような仕組みを提供している．

⒞　IoT による桜開花状況のセンシング（Sakura Sensor）

　快適なドライブを支援するサービスとして，近年，NAVITIME（ルートナビゲーションサービスの一つ．https://www.navitime.co.jp/）の景観優先ルートやホンダinternaviのシーニックルートなど，従来型の目的地到着までの時間が短い・燃費の良い経路に加え，景観の良さを考慮した経路を探索可能な経路探索サービスが提供され始めている．既存のサービスでは，景観の良い経路に対し，サービス提供者により予め用意された経路内の特定のスポットについて，それを紹介するテキストや写真が提示されるのみに留まっている．しかし，これらの情報はサービス提供者側が手動で編纂しているため，用意されているスポットの数は限定的であり，また，各スポットの情報の更新頻度も低いという問題がある．景観は時間帯，天候，季節，進行方向などによって見え方が大きく変化する場合があるため，情報が頻繁に更新されることに加え，ユーザのコンテキストを考慮した情報の提示ができることが望ましいが，そのためには多くの人的コストを要してしまう．

そこで，短期間で変化していく景観として，桜の花が見られる道路に着目し，桜の花とその度合い（量や開花状況等）をリアルタイムに収集・共有可能な参加型センシングシステム「桜センサ」が開発されている（図3・44，3・45）[44].

図3・44　桜センサのスマートフォンアプリ画面（動画キャプチャーモード）

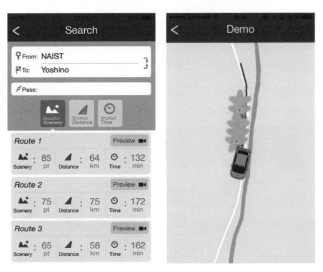

図3・45　桜センサのスマートフォンアプリ画面（桜がきれいなルートの案内）

(2) 自転車によるセンシング

　自動車ではGPSや速度計を始めとする多種のセンサを搭載し実用レベルで活用されているが，自転車などの動力源を持たない乗り物のIoT化は進んでいない．ここでは自転車のIoT化の事例を紹介する．

(a) Strava

　自転車の走行状態などをセンシングするIoTおよびそれを用いたサービスの例として，Stravaを紹介する（図3・46）．Stravaは，ランニングやサイクリングを行う人が利用するアクティビティ追跡・分析サービスを提供している．具体的には移動軌跡（位置情報）やそのときのスピード，心拍数などを分析することができる．Stravaのサービスと連携可能なIoTは多種多様で，例えば，自転車に装着するデバイス（Garmin Edge 1030）や，腕時計型デバイス（Apple Watch，Fitbitなど）といったものがある．

(b) マイクによる環境センシング

　自転車のIoT化の事例として，自転車に取り付けたスマートフォンに搭載される2つのマイクを用いて，自転車走行中の環境音を自

図3・46　Stravaアプリの例

動収集するシステムが構築されている (図3・47)[45]. 収集したデータを音響解析することにより, 自動車の走行状況 (車の台数, 車速, 車種など) の推定を目指している. 現在までに, 自転車走行中の環境音収集データを用いた車両検出において約83 %の精度を達成している.

　自動で車両検出ができるようになれば, 車の接近を自転車運転者に通知する機能や, 車通りの多さを考慮したナビゲーションなどといった活用が考えられる.

図3・47　マイクとカメラを搭載した自転車

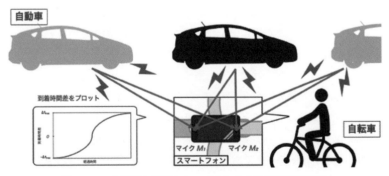

図3・48　自転車に搭載したマイクによる自動車検出の例

3.7 ヒトのIoT化

　近年では，街を往来する多くの人々がスマートフォンなどのIoT
デバイスを持っているため，これらスマートフォンに搭載されてい
るセンサを活用した情報収集（参加型センシングと呼ぶ）が実現可能と
なった．人々がそれぞれ持つ個人のデバイスからデータを集める仕
組みである．そのため，設置型センサを用いる場合に問題となる機
材導入費用や運用費用などの制約がなく，網羅的なデータ収集が可
能であることが強みである．以降では参加型センシングを活用した
事例を紹介する．

(i) 都市環境センシング

(1) 電波センシング

　人による都市環境センシングの一例として，モバイル回線電波
のデータ収集を行うOpenSignal.comが挙げられる．OpenSignal.
comでは，一般ユーザがスマートフォンアプリケーションを用い，
自身のいる地点の電波状況をクラウド上にアップロードし，解析を
行うことにより世界規模の電波状況を共有することができる．アプ
リケーションやWeb上では，ヒートマップ，通信途絶状況のレポー
トといったユーザからのフィードバックが閲覧可能となっている．

(2) 騒音センシング

　スマートフォンにはマイクが搭載されているため，都市を通行し
ている一般市民から音量データ（騒音レベルデータ）を収集すること
で，都市環境においてどのような騒音が発生しているかを把握する
ことができる．ノッティンガム・トレント大学の研究プロジェクト
NoiseSPYはその一例である．NoiseSPYでは，音量データ収集が可
能なモバイルアプリを一般市民に提供することで，都市の騒音マッ

プを実現している.

(3) 街灯照度センシング

　安心安全な街を実現するための活用事例として，スマートフォンの照度センサを用いた街路灯センシングがある．これまで，夜間に街でどの道が明るく安心して通行することができるのか，という情報は存在しなかった．女性などの多くが夜道を歩くことに不安を抱えていることから，こうした情報の需要は非常に高い．そこで，スマートフォンの画面の明るさ調整に使われている照度センサの測定データを街にいる人々から収集・分析することにより，街灯の設置されている位置・種別，道路面上において光がどのように広がるかの推定，それに基づく街灯照度（明るさ）の推定を行うプロジェクト「NightRoadScanner」が行われている（図3・49）[46]

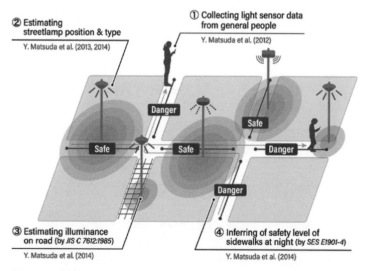

図3・49　照度センサを用いた街灯センシングシステム（NightRoadScanner）

最新の実験結果では，収集したデータを用いて推定を行った結果，平均絶対誤差 0.55 lx（明るさの単位）での街灯照度推定が可能であることが明らかとなっている．

図3・50　NightRoadScanner のアプリ動作例のアプリ動作例

コラム　**スマートフォンに搭載されている様々なセンサ**

　今や私達の生活に欠かせないツールとなっているスマートフォンには，様々なセンサが搭載されている．映像・音声データを取得するためのカメラ・マイクや位置情報を知るための GPS はもちろんのこと，スマートフォンの動きや方向を検知するための慣性センサ，さらには気圧や温度，照度といった環境センサなども搭載されている．近年では，LiDAR（Light Detection and Ranging）スキャナという光を使って広い範囲の距離（奥行き）を測るセンサが搭載されていたり，アタッチメントを取り付けることで，呼気に含まれる酒気を検出することや，CO_2・PM2.5 など測定することも可能となっている．

(ⅱ) 地域情報収集基盤

　参加型センシングの主役は協力してくれる市民で，地域市民団体とのシナジーが期待できる．しかしながら，そうした地域市民団体を運営する一般市民や行政職員が非技術者である場合も多く，参加型センシングシステムを新たに導入することは容易ではないのが実情である．既存の主要な参加型センシング基盤・フレームワークは，研究者による利用が前提となっており，システム運用やセンシングへの参加には高い情報技術スキルが必要である．また，一般市民や行政職員などによる利用を想定した容易な運用・参加を実現している参加型センシングプラットフォームも存在するが，機能が非常に限定的であり柔軟なデータ収集が難しいといった課題がある．

(1) FixMyStreet

　FixMyStreet（図3・51）は，市民と行政が協力し，道路の破損，

図3・51　日本におけるFixMyStreetのアプリ
〔出典〕 ダッピスタジオ合同会社

落書き，街灯の故障，不法投棄などの地域・街の問題を，スマホを使って解決・共有していくためのプラットフォームである．2007年に英国のmySocietyという団体によってスタートしたこのプラットフォームであるが，現在では世界中で活用されている．

　日本においては，同様のコンセプトの地域情報収集システムが存在する．例えば，千葉県千葉市の「ちばレポ」（https://www.city.chiba. jp/shimin/shimin/kohokocho/chibarepo.html）では，FixMyStreetと同様の機能を地域にローカライズした形で提供している．また福井県鯖江市においても「さばれぽ（https://www.city.sabae.fukui.jp/about_ city/it_nomac hi/oshirase/sabarepo.html）という同様のシステムが提供されている．

⑵ ParmoSense

　ParmoSense（図3・52）は，参加型センシングを行いたい人がWeb

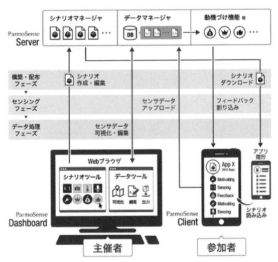

図3・52　ParmoSenseのコンセプト

システムを介して簡単にアプリを開発することができ，情報技術に
精通していない市民団体においても参加型センシングが利用可能な
プラットフォームである[47]．作成されたアプリは，スマートフォン
で動作するクライアントアプリ（図3・53）からダウンロードできる
ため，新たなアプリをインストールする必要がない．クライアント
アプリは，地図上でデータ収集が必要な場所が一目でわかるように
なっている．また，収集したデータは地図上，もしくはタイムライ
ン上で，時系列順に確認することも可能となっている．

(iii)　都市環境の「人」の感情推定

　上記の例では，客観的に測定可能なものを対象とした参加型セン
シングの事例を紹介してきたが，都市に存在する「人自身」をセンシ
ングする事例も存在する．例えば，都市環境にいる人の「感情」から
街の状況を把握しようという例がある．

図3・53　ParmoSenseのクライアントアプリ

3 IoTの応用

(1) 街の「危ない」を感情推定で見つける

都市環境には様々な危険が存在する．ドイツ・カールスルーエ工科大学のプロジェクトであるUrbanEmotions[48]では，都市に存在する人をウェアラブルデバイスでモニタリングしたり，アンケートを収集することで感情情報を集め，街に存在するネガティブな感情（＝危険な場所）を明らかにすることに取り組んでいる．

(2) 観光中の感情・満足度の推定・収集

今後より人に寄り添った情報を提供可能なシステムを提供するためには，「人がどう感じるか？」という観点が非常に重要となる．例えば，街の中で感情や満足感が大きく変動することが考えられる「観光」においては，そういった情報に基づく観光情報の推薦やナビゲーションは需要が高い．

現在，観光における人の感情や満足度の収集は，オンラインユーザレビューが主流である．しかしながら，オンラインユーザレビューには，投稿を行う動機づけのアンバランスさや，心理的バイアスの影響によって信頼性を担保するのが難しいと行った指摘がなされている．そこで，観光中の無意識的な仕草・生体反応のセンシングに基づき，ユーザの抱く感情・満足度を推定する手法EmoTour[49]が提案されている．図3・54はそのワークフローを示している．この手法では，観光中のユーザが行う仕草（視線・身体運動・音声・表情）をスマートフォンやウェアラブルデバイスを用いて計測し，抽出した特徴量を組合わせることにより，マルチモーダルなモデルを構築する．

推定モデルの性能を確かめるため，2つの異なる観光地（ドイツ・ウルム，日本・奈良市）において，計22名の観光客のデータを収集する実験を行った（図3・55）．その結果，感情状態の3クラス分類タス

ク（ポジティブ・ニュートラル・ネガティブ）において，重みなし付再現率50 %，満足度の7段階回帰タスクにおいて平均絶対誤差1.08という精度で推定可能であることが明らかとなっている．

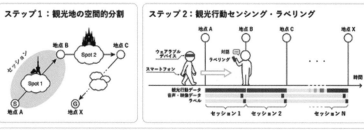

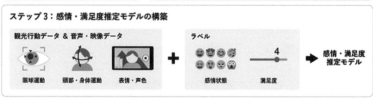

図3・54　観光中の観光客の感情・満足度推定の流れ

図3・55　観光客の感情推定実験の様子

コラム　動機づけ（ゲーミフィケーション）

　ここまで参加型センシングの事例を紹介してきたが，この方法は必ずしも完璧な方法ではない．例えば，一般市民からの定常的な協力をいかに獲得できるか，という「動機づけ」の問題がある．協力を得られなければセンシングが成立しないため，これは解決するべき極めて重要な課題である．動機づけの例としては，クラウドソーシングなどで採用されている「金銭的インセンティブ」が挙げられる．お金を報酬としてセンシングに協力を依頼する仕組みのため，高い協力率が期待できる．一方で，報酬は有限であるため，持続可能性に問題がある．そこで，注目されているのが，お金の代わりに「体験」を報酬とする「非金銭的インセンティブ」である．その代表的な方法として，ゲーム要素をシステムに組み込んで，楽しいという感覚を報酬としてセンシングに協力したくなるように仕掛ける「ゲーミフィケーション」がある．例えば，ウェザーニューズは自分のいる場所の天気の状況を手作業で提供することでポイントを獲得することができ，ある一定ポイントが貯まると気象センサを無償で獲得することができる．この気象センサは，自動で周辺の環境情報をセンシングするため，人々は自ら進んでより多くのデータを提供するという仕組みとなっている．このように，直接的に金銭を報酬とせずに人々の協力を得ることは，持続可能性の観点から非常に利点が大きい．図3・56は，観光ガイドにゲーミフィケーションを組み合わせた例である．ミッションが課されることで，通常は観光客があまり訪れることの少ない場所のセンシングが可能になっている（図3・57）

図3・56　観光ガイドとゲーミフィケーションを組み合わせた例

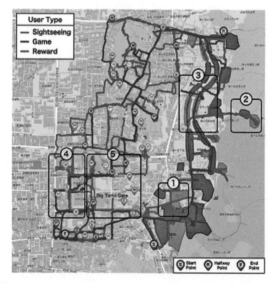

図3・57　ゲーミフィケーションを導入した観光実験結果の例

3.8 産業・工場の IoT 化（スマートファクトリー）

工場内の機械や設備などを IoT 化し，インターネットに接続することで，製品の生産プロセスにかかわるデータを取得し，分析・活用することが可能になり，生産プロセスの改善，製品の品質改善，生産性の向上を実現できる．このような IoT 化されたスマートファクトリーは各社で導入されつつある．ドイツ・シーメンス社は，アンベルクにある電子製品工場において，ロボット，IoT，デジタルツイン（コンピュータシミュレーションによる予測と現場の生産ラインの稼働を同期させて運用する方式）を活用することによって，製造エリアの大きさ（3万 m^2），作業員数（5000人）を増やすことなく，生産能力を28年で13倍以上に向上することに成功している．Amazon の物流センターでは，Amazon Robotics と呼ばれるロボットを活用した在庫管理システムを構築・運用している．倉庫内の商品を棚ごと持ち上げて自由に移動させることができる自走式ロボット「ドライブ」が導入されている．ドライブは，340 kg までを積載可能で，秒速 1.7 m で移動可能である．これにより，これまで人手で行ってきた，商品の「棚入れ」と「棚卸し」が自動で効率良くできるようになっている．建設機械を世界的に展開する株式会社小松製作所（コマツ）は，KOM-MICS と呼ぶ工場の IoT 化を実現するシステムを構築している．KOM-MICS には，社内，協力企業，海外拠点で稼働している工作機械約700台，溶接ロボット約400台が接続されており，稼働状況を「見える化」している．これにより，生産性を飛躍的に高めることを可能としている．

3.9　農業のIoT化（スマートアグリ）

　近年，IoTやCPSの技術を農業に活用し，農作業の負担の軽減，農産物の生産性の向上・品質の改善に向けた「スマート農業」（Smart Agriculture，スマートアグリ）が全世界で注目を集め取り組まれている．

　品質の改善に関しては，精密農業（Precision Farming）と呼ばれる研究分野が確立されている．世界第2位の農産物輸出国であるオランダは，精密農業に傾注しており，九州程度の国土面積で驚異的な農産物の収穫を達成している．

　こうしたスマートアプリを実現する上で重要な点は，圃場における環境情報や作物の生育状況を観測し，後に分析できるように時系列センサデータとして記録することである．この目的のため，FieldServerなど，様々な農業用センサが開発されている．

　我が国においては，農林水産省が，農業分野におけるSociety 5.0の実現を目指す様々な事業を展開している．そこでは，農業分野における課題（農業従事者の高齢化による人手不足など）を解決するため，ロボット，AI，IoTの技術を駆使し，①作業の自動化，②情報共有の簡易化，③データの活用を行うことが目標とされている．①に関しては，耕うん整地を無人で行う自動走行トラクター（ヤンマーホールディングス株式会社など）や自動運転田植機（農研機構，クボタ株式会社など），水田の水管理自動制御機構（農研機構など）が開発されている．また，ドローンや地上に設置した画像センサで圃場を撮影し，作物の生育状況のバラツキを把握し，施肥を可変させることで使用する肥料を最小化する技術も開発されている（ファームアイ株式会社，井関農機株式会社など）．また，農作業者が装着することで農作業の労力を軽減する農業用アシストスーツ（株式会社イノフィスなど）やトマトや

キャベツといった作物の自動収穫機が開発されている（パナソニック株式会社，農研機構，ヤンマーなど）．②③に関しては，熟練農業者の技術・判断の継承に関する研究開発が進められている．

　IoT化しやすいスマート水耕栽培が注目を集めている．水耕栽培ベースの植物製造装置が開発・販売されている．ダイワハウス工業株式会社は，レタスを完全自動で栽培する植物工場システム「agri-cube ID」を販売している（図3・58）．送風，養液管理，環境制御を独自に行うシステムを開発することで，栽培ムラを低減し（歩留まり向上），成長速度を向上，成長障害を抑制（回転率向上）することに成功している．

　他にも野菜の栽培と魚の育成を同時に行い，肥料やエサを互いに循環させることで，生体循環を最適化する家庭用水耕栽培技術，アクアポニックス（図3・59）が注目を集めている．こういった循環型農業では，異なる系の間のバランスを保つためにIoTの活用が鍵となる．

図3・58　植物工場システム agri-cube ID
（画像提供　ダイワハウス株式会社）

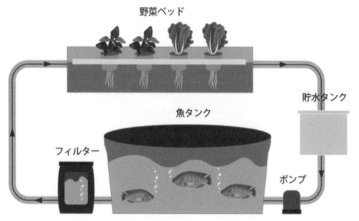

図3・59　アクアポニックスの概要
〔出典〕　株式会社アクポニ

参考文献

[1] Yugo Nakamura, Yuki Matsuda, Yutaka Arakawa, Keiichi Yasumoto, WaistonBelt X: A Belt-Type Wearable Device with Sensing and Intervention Toward Health Behavior Change, Sensors 2019, Vol.19, No.20:4600, 2019.

[2] Yuya Sano, Yuito Sugata, Teruhiro Mizumoto, Hirohiko Suwa, Keiichi Yasumoto: Demand Collection System using LPWA for Senior Transportation with Volunteer, 2020 IEEE International Conference on Pervasive Computing and Communications Workshops (PerCom Workshops 2020), pp.1-6, 2020.

[3] 隅田麻由，水本旭洋，安本慶一：スマートフォンを用いた歩行時心拍数推定法，情報処理学会論文誌，vol.55，no.1，pp.399-412，2014.

[4] 柿木研人，諏訪博彦，小川祐樹，梅原英一，安本慶一：インターネット株式掲示板における話題と株式指標の関係，マルチメディア，分散，協調とモバイル（DICOMO 2016）シンポジウム，pp.170-176，2016.

[5] S. Stirapongsasuti, Y. Nakamura, K. Yasumoto, Privacy-Aware Sensor Data Upload Management for Securely Receiving Smart Home Services, Proceedings of the 6th International Conference on Smart Computing (SMARTCOMP 2020), pp.214-219, 2020.

[6] Y. Nakamura, Y. Arakawa, T. Kanehira, M. Fujiwara, K. Yasumoto, SenStick: Comprehensive Sensing Platform with an Ultra Tiny All-In-One Sensor Board for IoT Research, Journal of Sensors 2017, Article ID 6308302, pp.1-16, 2017.

[7] T. Matsui, K. Onishi, S. Misaki, M. Fujimoto, H. Suwa, K. Yasumoto, SALON: Simplified Sensing System for Activity of Daily Living in Ordinary Home, Sensors, vol.20, no.17, Article ID 4895, 2020.

[8] 上田健揮，玉井森彦，荒川豊，諏訪博彦，安本慶一：ユーザ位置情報と家電消費電力に基づいた宅内生活行動認識システム，情報処理学会論文誌，vol.57，no.2，pp.416-425，2016.

[9] 柏本幸俊，秦恭史，中川愛梨，諏訪博彦，藤本まなと，荒川豊，繁住健哉，小宮邦裕，小西健太，安本慶一：エナジーハーベスト焦電型赤外線・ドア開閉センサと家電消費電力に基づいた宅内生活行動認識システム，情報処理学会論文誌，vol.58，no.2，pp.409-418，2017.

[10] 水本旭洋，宵憲治，カレッドエル＝ファキ，安本慶一：スマートスペースにおける最小コストでのコンテキスト遷移を可能にするデバイス操作系列導出ツール，情報処理学会論文誌，vol.58，no.2，pp.396-408，2017.

[11] K. El-Fakih, T. Mizumoto, K. Yasumoto, T. Higashino, Energy Aware Simulation and Testing of Smart-Spaces, Information and Software Technology, vol.118, 2020.

[12] Y. Takahashi, N. Shirakura, K. Toyoshima, T. Amako, R. Isobe, J. Takamatsu, K. Yasumoto, DeepRemote: A smart remote controller for intuitive control through home appliances recognition by deep learning, Proceedings of the 2017 Tenth International Conference on Mobile Computing and Ubiquitous Network (ICMU), pp.1-8, 2017.

[13] M. Fujiwara, K. Moriya, W. Sasaki, M. Fujimoto, Y. Arakawa, K. Yasumoto, A Smart Fridge for Efficient Foodstuff Management with Weight Sensor and Voice Interface, Proceedings of the 47th International Conference on Parallel Processing (ICPP'18) Companion, pp.1-7, 2018.

[14] Y. Kido, T. Mizumoto, H. Suwa, Y. Arakawa, K. Yasumoto, A Cooking Support System for Seasoning with Smart Cruet, Human Aspects of IT for the Aged Population, Social Media, Games and Assistive Environments (HCII 2019), Lecture Notes in Computer Science, vol.11593, pp.369-382, 2019.

[15] A. Fornaser, T. Mizumoto, H. Suwa, K. Yasumoto, M.D. Cecco, The influence of measurements and feature types in automatic micro-behavior recognition in meal preparation, IEEE Instrumentation & Measurement Magazine, vol.21, no.6, pp.10-14, 2018.

[16] 中部仁，水本旭洋，諏訪博彦，安本慶一：複数レシピで並行調理する際の調理環境に応じた最適調理手順作成法と評価，マルチメディア，分散，協調とモバイル（DICOMO2020）シンポジウム，pp.990-999，2020

[17] T. Mizumoto, Y. Otoda, C. Nakajima, M. Kohana, M. Uenishi, K. Yasumoto, Y. Arakawa, Design and Implementation of Sensor-embedded Chair for Continuous Sitting Posture Recognition, IEICE Transactions on Information and Systems, Vol.E103-D, No.5, pp.1067-1077, 2020.

[18] Naoki Maeda, Yuko Hirabe, Yutaka Arakawa, Keiichi Yasumoto: COSMS: unconscious stress monitoring system for office worker, Adjunct Proceedings of ACM UbiComp 2016, pp.329-332, 2016.

[19] Y. Umetsu, Y. Nakamura, Y. Arakawa, M. Fujimoto, H. Suwa, EHAAS: Energy Harvesters As A Sensor for Place Recognition on Wearables, 2019 IEEE International Conference on Pervasive Computing and Communications (PerCom 2019), pp.1-10, 2019.

[20] 菅田唯仁, 荒川豊, 安本慶一：複数種類の太陽電池を用いたバッテリーレス場所推定システム, マルチメディア, 分散, 協調とモバイル（DICOMO2019）シンポジウム, pp.950-956, 2019.

[21] Chishu Amenomori, Teruhiro Mizumoto, Hirohiko Suwa, Yutaka Arakawa, Keiichi Yasumoto: A Method for Simplified HRQOL measurement by Smart Devices, 7th EAI International Conference on Wireless Mobile Communication and Healthcare (MobiHealth 2017), Nov.2017.

[22] Y. Tani, S. Fukuda, Y. Matsuda, S. Inoue, Y. Arakawa, WorkerSense: Mobile Sensing Platform for Collecting Physiological, Mental, and Environmental State of Office Workers, 2020 IEEE International Conference on Pervasive Computing and Communications Workshops (PerCom Workshops 2020), pp.1-6, 2020.

[23] C. Shen, B. Ho and M. Srivastava, MiLift: Efficient Smartwatch-Based Workout Tracking Using Automatic Segmentation in IEEE Transactions on Mobile Computing, vol.17, no.07, pp.1609-1622, 2018.

[24] M. Sundholm, J. Cheng, B. Zhou, A. Sethi, P. Lukowicz, Smart-mat: recognizing and counting gym exercises with low-cost resistive pressure sensing matrix, Proceedings of the 2014 ACM International Joint Conference on Pervasive and Ubiquitous Computing (UbiComp 2014), pp.373–382, 2014.

[25] M. Takata, Y. Nakamura, M. Fujimoto, Y. Arakawa, K. Yasumoto, Investigating the effect of sensor position for training type recognition in a body weight training support system, Proceedings of the 2018 ACM International Joint Conference and 2018 International Symposium on Pervasive and Ubiquitous Computing and Wearable Computers, pp1404–1408, 2018.

[26] E. Akpa, M. Fujiwara, H. Suwa, Y. Arakawa, K. Yasumoto:A Smart Glove to Track Fitness Exercises by Reading Hand Palm, Journal of Sensors 2019, Article ID 9320145, pp.1-19, 2019.

[27] Y. Torigoe, Y. Nakamura, M. Fujimoto, Y. Arakawa, K. Yasumoto, Strike Activity Detection and Recognition Using Inertial Measurement Unit Towards Kendo Skill Improvement Support System, Sensors and Materials, vol.32, no.2, pp.651-673, 2020.

[28] 福田修之, 松井智一, Choi Hyuckjin, 松田裕貴, 安本慶一：釣果情報共有を目的とした釣竿の振動データに基づく魚種判別手法, 第28回 マルチメディア通信と分散処理ワークショップ（DPSWS2020）論文集, pp.19-26, 2020.

[29] 福田修之，玉置理沙，松井智一，大井一輝，Choi Hyuckjin，松田裕貴，安本慶一：リアルタイム行動認識機能を有する釣りCPSの開発，第28回マルチメディア通信と分散処理ワークショップ（DPSWS2020）論文集，pp.172-179，2020.

[30] 髙橋雄太，音田恭宏，藤本まなと，荒川豊：センサ装着杖を介した歩行動作検出手法の提案，情報処理学会論文誌コンシューマ・デバイス＆システム（CDS），vol.8，no.2，pp.43-55，2018.

[31] A. Otsubo, H. Suwa, Y. Arakawa, K. Yasumoto: Walking Pace Induction Application Based on the BPM and RhythmValue of Music, Proceedings of the 8th International Conference on Wireless Mobile Communication and Healthcare (MobiHealth 2019), pp.60-74, 2019.

[32] 小林巌生，スマートシティ先進都市バルセロナ市の取組，可視化情報学会誌，vol.38，no.150，pp.24-27，2018.

[33] 内閣府：スマートシティリファレンスアーキテクチャ　ホワイトペーパー，2020．https://www8.cao.go.jp/cstp/stmain/a-whitepaper1_200331.pdf

[34] K. Yasumoto, H. Yamaguchi, H. Shigeno, Survey of Real-time Processing Technologies of IoT Data Streams. Journal of Information Processing, vol.24, no.2, pp.195-202, 2016.

[35] J.P. Talusan, M. Wilbur, A. Dubey, K. Yasumoto, Route Planning through Distributed Computing by Road Side Units, IEEE Access, vol.8, pp.176134-176148, 2020.

[36] 西村友洋，樋口雄大，山口弘純，東野輝夫：スマートフォンを活用した屋内環境における混雑センシング，報処理学会論文誌，vol.55，no.12，pp.2511-2523，2014.

[37] 小島颯平，内山彰，廣森聡仁，山口弘純，東野輝夫：俯瞰画像における動体領域面積に基づく群衆人数推定法の提案，情報処理学会論文誌，vol.58，no.1，pp.33-42，2017.

[38] Ryo Takahashi, Kenta Hayashi, Yudai Mitsukude, Masanori Futamata, Shunei Inoue, Shuta Matsuo, Shigemi Ishida, Yutaka Arakawa, Shigeru Takano, "Itocon - A System for Visualizing the Congestion of Bus Stops around Ito Campus in Real-time", The 18th ACM Conference on Embedded Networked Sensor Systems (SenSys 2020), 2020.

[39] 井上隼英，髙橋遼，林健太，光来出優大，二俣雅紀，松尾周汰，石田繁巳，荒川豊，高野茂，"itocon：複数の混雑度センサを用いたバス停混雑度可視化システム"，電子情報通信学会センサネットワークとモバイルインテリジェンス研究会（SeMI），2020.

[40] 髙橋遼，林健太，光来出優大，二俣雅紀，井上隼英，松尾周汰，石田繁巳，荒川豊，高野茂，"バス停混雑度可視化システム itocon（いとこん）"，第28回 マルチメディア通信と分散処理ワークショップ（DPSWS2020），2020.

[41] 片山洋平，諏訪博彦，安本慶一：dash-cum：ドライブレコーダを用いたメモリアル経路動画キュレーション，第27回社会情報システム学シンポジウム（ISS27），pp.1-9, 2021.

[42] 千住琴音，諏訪博彦，水本旭洋，荒川豊，安本慶一：ワンウェイカーシェアリング実現に向けた潜在的利用者による車両偏在問題の解決，情報処理学会論文誌，vol.60, no.10, pp.1818-1828, 2019.

[43] Y. Chen, J. Nakazawa, T. Yonezawa, H. Tokuda, Cruisers: An automotive sensing platform for smart cities using door-to-door garbage collecting trucks, Ad Hoc Networks, vol.85, pp.32-45, 2019.

[44] 前中省吾，森下慈也，永田大地，玉井森彦，安本慶一，福倉寿信，佐藤啓太：桜センサ：車載スマートフォンを用いた桜開花状況の収集・共有システム，情報処理学会論文誌，vol.57, no.2, pp.629–642, 2016.

[45] S. Kawanaka, Y. Kashimoto, A. Firouzian , Y. Arakawa, P. Pulli, K. Yasumoto, Approaching Vehicle Detection Method with Acoustic Analysis using Smartphone for Elderly Bicycle Driver, Proceedings of the 2017 Tenth International Conference on Mobile Computing and Ubiquitous Network (ICMU), pp.1-6, 2017."

[46] 松田裕貴，新井イスマイル，荒川豊，安本慶一：スマートフォン搭載照度センサの個体差に対応した夜道における街灯照度推定値校正手法の提案，情報処理学会論文誌，vol.57, no.2, pp.520-531, 2016.

[47] 松田裕貴，荒川豊，安本慶一：多様なユースケースに対応可能なユーザ参加型モバイルセンシング基盤の実装と評価，マルチメディア，分散，協調とモバイル（DICOMO 2016）シンポジウム，pp.1042-1050, 2016.

[48] B. Resch, A. Summa, G. Sagl, P. Zeile, J. Exner, Urban Emotions —Geo-Semantic Emotion Extraction from Technical Sensors, Human Sensors and Crowdsourced Data, Progress in Location-Based Services 2014, Lecture Notes in Geoinformation and Cartography, pp.199-212, 2014.

[49] Y. Matsuda, D. Fedotov, Y. Takahashi, Y. Arakawa, K. Yasumoto, W. Minker, EmoTour: Estimating Emotion and Satisfaction of Users Based on Behavioral Cues and Audiovisual Data, Sensors 2018, vol.18, no.11, Article ID 3978, 2018.

[50] レイ・カーツワイル (著), 小野木明恵 (翻訳), 野中香方子 (翻訳), 福田実 (翻訳), 井上健 (監修):シンギュラリティは近い―人類が生命を超越するとき, NHK出版, 2016.

索　引

おわりに

　本書では，IoTの全体像を，多くの実例を挙げながら，できるだけ詳しく解説した．冒頭で述べたように，IoTは，我々が暮らしている物理世界をサイバー世界につなぐ架け橋となるものである．IoTがあらゆる分野・場面に浸透していくことにより，人間活動，自然環境を含むあらゆる事象がデジタル化され，サイバースペースにおいてAIにより解析され，分析結果が物理世界にフィードバックされるサイバーフィジカルシステム（CPS）が実現される．Society 5.0が描いているように，未来の世界には，CPSが張り巡らされ，社会経済活動，人の健康やQoL，自然環境の保全等において，進化したAIの力を得て劇的に効率化・改善されることが見込まれる．

　レイ・カーツワイルは著書[50]において，2045年には，芸術や発明などを含むあらゆる才能において，コンピュータの能力が人間を超える「Singularity（技術的特異点）」が到来すると予想している．2045年までは難しいとしても，人の能力を超えたAIがやがて登場し，IoT，CPSと繋がることで，あらゆる分野で劇的な技術革新が進んでいくものと思われる．そのためには，AIの進歩だけでなく，IoT技術の進歩も必要となる．例えば，新たな現象が計測できる，または，これまでより高解像度でデータがとれるセンサの開発や，大容量のデータを瞬時に処理が必要なところに伝送する通信技術などの一層の発展が望まれる．

　名前が示しているようにIoT（Internet of Things）は，あらゆるモノが対象となる技術であり，本書で全てが網羅できているわけではない．例えば，ロボットやドローン，自動運転車はIoTの一種であるが，それぞれ一大分野を構成し，多くの研究開発を有しており，

本書では詳しく取り上げていない．これらについての詳細は他の専門書を参照されたい．

　最後に，本書の執筆・出版にあたり多大なご協力をいただいた関係者の皆様に感謝申し上げる．

~~~~ 著 者 略 歴 ~~~~

安本 慶一 (やすもと けいいち)

1991年　大阪大学基礎工学部情報工学科卒業
1993年　同大学大学院基礎工学研究科博士前期課程修了
1995年　滋賀大学経済学部情報管理学科助手
1996年　博士（工学）（大阪大学）学位取得
1998年　滋賀大学経済学部情報管理学科助教授
2001年　奈良先端科学技術大学院大学情報科学研究科助教授
2011年　奈良先端科学技術大学院大学情報科学研究科教授
スマートホーム、スマートシティに関する研究に従事.

荒川 豊 (あらかわ ゆたか)

2001年　慶應義塾大学理工学部情報工学科卒業
2003年　同大学大学院理工学研究科前期博士課程修了
2006年　同大学大学院理工学研究科後期博士課程修了，博士（工学）
2006年　同大学大学院理工学研究科特別研究助教
2009年　九州大学大学院システム情報科学研究院助教
2013年　奈良先端科学技術大学院大学情報科学研究科准教授
2009年　九州大学大学院システム情報科学研究院教授
IoTとAIを組み合わせた人に寄り添う情報システムに関する研究に従事.

松田 裕貴 (まつだ ゆうき)

2013年　明石工業高等専門学校電気情報工学科卒業
2015年　明石工業高等専門学校専攻科機械・電子システム工学専攻卒業
2016年　奈良先端科学技術大学院大学情報科学研究科博士前期課程
2019年　奈良先端科学技術大学院大学情報科学研究科博士後期課程，博士（工学）
2019年　同大学先端科学技術研究科助教
2020年　国立研究開発法人科学技術振興機構さきがけ研究者（兼務）
情報科学技術と人間との協調によるヒューマン・イン・ザ・ループなシステムに関する研究に従事.

©Keiichi Yasumoto，Yutaka Arakawa，Yuki Matsuda 2021

スッキリ！がってん！　IoTの本

2021年10月 5日　　第1版第1刷発行

著　者	安本慶一
	荒川豊
	松田裕貴
発 行 者	田中聡

発 行 所
株式会社 電 気 書 院
ホームページ　www.denkishoin.co.jp
（振替口座　00190-5-18837）
〒101-0051　東京都千代田区神田神保町1-3 ミヤタビル2F
電話(03)5259-9160／FAX(03)5259-9162

印刷　中央精版印刷株式会社
Printed in Japan／ISBN978-4-485-60046-7

・落丁・乱丁の際は，送料弊社負担にてお取り替えいたします．

JCOPY 〈出版者著作権管理機構 委託出版物〉
本書の無断複写（電子化含む）は著作権法上での例外を除き禁じられています．複写される場合は，そのつど事前に，出版者著作権管理機構（電話：03-5244-5088, FAX：03-5244-5089, e-mail：info@jcopy.or.jp）の許諾を得てください．また本書を代行業者等の第三者に依頼してスキャンやデジタル化することは，たとえ個人や家庭内での利用であっても一切認められません．

[本書の正誤に関するお問い合せ方法は，最終ページをご覧ください]

書籍の正誤について

万一，内容に誤りと思われる箇所がございましたら，以下の方法でご確認いただきますよう
お願いいたします．

なお，正誤のお問合せ以外の書籍の内容に関する解説や受験指導などは**行っておりません**．
このようなお問合せにつきましては，お答えいたしかねますので，予めご了承ください．

正誤表の確認方法

最新の正誤表は，弊社Webページに掲載しております．
「キーワード検索」などを用いて，書籍詳細ページをご
覧ください．

正誤表があるものに関しましては，書影の下の方に正誤
表をダウンロードできるリンクが表示されます．表示さ
れないものに関しましては，正誤表がございません．

弊社Webページアドレス
https://www.denkishoin.co.jp/

正誤のお問合せ方法

正誤表がない場合，あるいは当該箇所が掲載されていない場合は，書名，版刷，発行年月
日，お客様のお名前，ご連絡先を明記の上，具体的な記載場所とお問合せの内容を添えて，
下記のいずれかの方法でお問合せください．
回答まで，時間がかかる場合もございますので，予めご了承ください．

	郵送先	〒101-0051 東京都千代田区神田神保町1-3 ミヤタビル2F ㈱電気書院　出版部　正誤問合せ係
	ファクス番号	**03-5259-9162**
	弊社Webページ右上の「**お問い合わせ**」から **https://www.denkishoin.co.jp/**

お電話でのお問合せは，承れません

（2021年1月現在）